新版
環境被害のガバナンス

永松俊雄 著

成文堂

緒　言

　本書は、社会に生じた甚大な被害の回復とこれを巡る社会的混乱対立とに対して、今日以上に賢明に対処する道を求めて出版された。

　万能の処方箋はもとよりなく、本書は、一つの着眼、あるいは道程標を置いただけかもしれないが、例えば、個々の当事者が持つ思考の枠組みより、少し縮尺を小さくした（つまり、当事者個々の持つフレームよりも大きなフレームの）地図を用意することを勧めており、その上で、何でもかんでもお上が按配する統治システムを、個々の社会成員が、世の中を共に治める、ガバナンス型のものに換えていくことで、社会全体の共通利益の実現が、より迅速で有効なものになろう、としている。

　多くのディテールを本書は収めているとはいえ、煎じ詰めて見れば、以上のような道ゆきが勧められており、それは穏当なものと言えよう。しかし、著者は、このような道ゆきの展望を、その体験から帰納的に見出してきた。このことこそが本書の大きな特色である。

　体験とは、水俣病と常に向き合ってきた熊本県庁において、県知事を支えたり、福祉に携わってきた職員としての著者の体験である

　世の中には不幸の種は尽きないが、不条理な不幸の典型例の一つが、他人の営利活動に伴って生じた出来事によって第三者が被害を蒙ることであろう。そもそもの不条理に加え、その出来事が、予め想像できたようなものでなかった場合、被害の回復や被害者の慰撫は混迷を極め、被害者と加害者との対決は、さらなる悲劇を生んでいくに違いない。本書は、この種の被害として、いずれも事業活動から生じた環境汚染を通じて第三者が甚大な被害を蒙ることになった二つのケースを扱っている。

　一つは、水俣病のケースである。言わずと知れたことであるが、有害な物質を、汚染原因者もそして規制に当たるべき当局も、おそらくは、ある時期から（もちろん、当初は、無機水銀の有機化は学界の常識を外れていたが）

は有害と知りつつも、公的な規制制度の不備を言い訳に有効な手立てを講じないままに工場排水と共に排出させ、これが、魚に取りこまれ、それを多食した漁民や市民に大きな被害が生じてしまったケースである。

　もう一つは、東日本大震災を契機として生じた放射能汚染である。これは、水俣のように政府が規制の不作為として係わるのではなく、いわば国策的に進められた事業である原子力発電によって生じた汚染であり、国策と見なされる位厳しい管理の下に進められていたはずのものにおいて、直接のきっかけは結果的に想定を超えていた大規模津波による全電源喪失であったものの、万が一の上にも万が一を考えた十分な備えが原因者にも規制当局にも不足していた結果として生じたものであることは間違いない。

　これら二つのケースは、突発的な汚染か継続的な汚染か、という点や、事前の備え、特に公的な備えの程度において大きな差があるが、我が国において初めて生じた種類の被害であって、極めて甚大なものであること、また、そうした被害は生じないこととして、それまでの世の中が組み立てられていたことの2点において共通点を有している。言い換えれば、被害への対処に社会的にレールが引かれていなかった事象なのである。

　それゆえ、言わば創設的に、悪く言えば試行錯誤的に、被害の回復が図られてきたものの、被害者が十分に慰撫されていないという点でも共通点があろう。

　著者の水俣病問題への理解と、こうした問題を繰り返さないために開発すべきアプローチに関する考えの双方は、この福島第二原発を原因とする放射能汚染のケースを見ることによって、被害と社会対立に共通して見られる問題点がえぐり出されることで、一層シャープなものになり、現実妥当性を高めたと言えよう。

　残念なことに、人間は不完全な存在である以上、悲劇的な汚染は、その中身は今は予知し得ないままに、将来、起こり得るのである。そうであるからこそ、それが生じた場合の初動を確保するための枠組み、起きてしまった被害の回復の過程を徒に対立を生んでいくものとさせないための考え方などを

程におけるフレーミング問題と行動選択に関する考察—水俣病特措法を事例として—(2011)」、「福島原発事故における被害補償と社会受容 (2012)」を加除修正し、それ以外の章は新たに書き起こしている。また、本書の過半は科学研究費基盤研究Ｃ（22530110）の研究成果を取りまとめたものである。

　なお、福島第一原発事故の被害者対策や環境修復は緒についたばかりであり、また検討すべき論点もきわめて多岐にわたっているが、本書では市民と関係が深いと思われる事柄に絞って取り上げていることをお許しいただきたい。

　本書の執筆にあたっては、たくさんの先輩諸氏から様々な機会にたいへん有益なご意見や示唆をいただいた。本来ならばお名前を挙げてお礼を申し上げなければならないが、書き出すとあまりに多いことから恐縮ながらお名前を挙げずお礼申し上げることをどうか容赦いただきたい。

　また、本書出版にあたっては成文堂編集部、特に飯村晃弘氏には様々な場面で大変お世話になった。貴重なアドバイスもいただき改めて深くお礼を申し上げたい。

2012 年 9 月

第2章は、水俣病を原因企業救済の視点から捉えている。被害者ではなく加害者を救済するというのは奇妙な話だが、大規模な環境被害が生じれば原因企業だけでは対応できない。もし倒産すれば、あとは被害者が残るだけである。福島第一原発事故も同様だが、原因企業が社会的責任を果たすためには、どのような社会的、政策的対応が必要になるかという問題である。

　第3章は、私たちの認識フレームを取り上げている。環境被害の捉え方は人によってかなり異なっている。例えば、原発再稼働の是非についても、立地地域の住民、自治体とそれ以外の地域では意見が分かれている。これは、問題に対する認識、評価そのものが人によって違うからである。水俣病についても同様であり、関係者の眼前に広がる世界は異なっており、それが問題解決の大きな阻害要因となることを明らかにしている。

　第4章では、前章までの検討をもとに、環境被害に共通して見られる特徴的な現象を整理するとともに、長く問題が解決しない構造的要因を検討している。そのうえで、従来の中央統制（ガバメント）型社会の限界と、市民参画（ガバナンス）型社会への移行の必要性を指摘している。

　第5章は、福島第一原発事故被害に視野を転じ、私たち市民はどのように現状を理解し、どのような行動選択を行うべきかを検討している。確かに市民は放射性物質の専門家ではないが、物事の判別がつかないほど無知でもない。待っているだけではわが身や家族を守れないとすれば、自分なりに必要情報を収集、評価し、賢明な行動を取らなければならない。選択する行動は人によって異なるが、その答えを導くための縁（よすが）を提供するものである。

　第6章は、原因企業である東京電力に焦点をあて、望まれる企業行動や被害補償について検討を行っている。ここでは解決過程における社会的合意形成の重要性を明らかにするとともに、特に手続き的公正の重要性を指摘している。

　第1章、第2章は拙著『チッソ支援の政策学—政府金融支援措置の軌跡—(2007)』を大幅に要約、修正したものであり、第3章、第6章は拙稿「政策過

はじめに

　本書はいくつかの素朴な疑問から出発している。第1に、環境被害はなぜ繰り返されるのかという問である。環境被害には共通する特徴や現象がある。例えば、福島第一原発事故発生後の東京電力の対応は、半世紀以上前の水俣病原因企業チッソの初期対応ときわめてよく似ている。政府の政策対応は必ずしも地元の実情を反映しているとは言えず、中央統制的なやり方とも相まって、地元住民や関係自治体には不信や不満が蓄積している。私たちは、過去の教訓に何を学んできたのだろうかという疑問である。

　第2に、環境被害はなぜ解決に数十年という長い年月を要するのかという問である。原爆症や水俣病は半世紀を経てなお解決していない。福島第一原発事故の場合もおそらく同様の道を歩むと予想されるが、一体なぜそのようなことになるのだろうか。

　第3に、不意に降りかかる環境被害に対して、私たち市民はどう対処すればよいかという問である。もちろん、私たちは政府に対して迅速かつ適切な対応を要求するわけだが、過去の例を見ても福島第一原発事故の対応を見ても、期待どおりに事は進まない。私たちは、いつ誰が環境被害の被害者、加害者になってもおかしくない社会に住んでいるが、私たちは市民として環境被害をどう理解し、どのような行動選択を行うべきなのだろうか。

　序章では、人間社会と環境の基本的関係を概観している。時間的、空間的な視野を確保することは、私たちが問題を理解するために必要な最初の作業である。

　第1章では、50余年に及ぶ水俣病の経緯を被害対応という視点から振り返る。水俣病は日本における公害の原点と言われてきた。それは、経済的繁栄には相応のリスクが伴うものであり、豊かさの代償がしばしば不公平に分配される現代社会を象徴する事件だったからである。以後の環境被害に共通する現象を備えている水俣病は、様々な教訓を黙々と語っている。

が出した結論だけが届くのであり、なぜそのような行動を選択したのかを、私たちは知ることができない。私たちの意識の脳ができることは、なぜそのように感じたのか、なぜその行動を選択したのか、もっともらしい理由を後で考えることだけである。

　社会科学者の社会的役割の1つは、非言語世界の探索と言語への翻訳にあると私は思っている。無意識の脳の情報処理の結果をていねいに観察し、私たちの脳内で生起する感情や認識、意思決定や行動選択の背景や理由を、言語によって注意深く翻訳する作業である。本書で取り上げている水俣病や福島第一原発事故も、諸刃の剣を携えた人間の有り様を問うものにほかならない。

　新版においては、統計資料の更新や最近の動向について追補している。もとより本書は、環境問題における人間行動の一部に光を当てたに過ぎないが、多少なりとも人間を知る縁（よすが）となれば幸いである。

2017年4月

新版　はじめに

　本書に何がしかの社会的価値があるとすれば、それはおそらく「市民」の多くが持つ素朴な疑問を取り上げ、それを解き明かそうとした点にあるように思われる。それらの疑問に十分に答えられたわけではないが、環境被害と関わりを持つ様々な人たちが物事を評価、判断し、あるいは行動選択をする際に、少なりとも役立つ情報を提供できれば、という思いが起稿の動機であった。

　環境問題に関して、地球の物質循環や合成化学物質、あるいは動植物に関する自然科学の知識は重要である。しかし、環境問題は、人間にとって都合が悪いという意味で問題であることを考えれば、人間や人間社会についての理解も重要である。特に、現在の環境問題のほとんどは、人間が以前のように控えめに活動していれば生じなかったものばかりである。換言すれば、問題は私たちにあるということだ。

　環境問題の増幅に大きく貢献してきたのが科学技術である。人間にとって便利な道具であった科学技術は、今では諸刃の剣として使い方一つで人類を滅亡させることもできるようになった。科学技術の持つ潜在的リスクが高まるほど、より一層人間についての深い理解と私たちの行動マネジメントが重要になる。しかし、科学技術の急速な進歩に比べて、人間の精神的進化は驚くほど緩慢である。

　私たち人間は、相変わらず大切なことでもすぐに忘れてしまう生き物であり続けている。先人が失敗や苦労を重ねて得た知識や教訓も、その多くはほどなく忘却の彼方に消え去り、同じような過ちを私たちは繰り返している。確かに相応の理由はある。私たちの意思決定や行動選択のほとんどは、無意識と呼ばれる脳の領域で行われている。無意識の脳の領域には、経験やスキルに関する情報が蓄積されており、膨大な情報が瞬時に処理され結論が出されるのだが、その領域には言語機能がない。私たちの意識には、無意識の脳

平時から準備しておくべきだ、というのが著者の訴えである。

　東日本大震災を契機に、リジリアントな日本社会づくりに関心を寄せる人たちにとっては、特に、リスク・マネッジメントの仕組みの提案として有益な書物である。

　なお、熊本での出来事に係わる豊富な紹介は、本書の肝であり、現場の間近で日常的に事例を見聞きしてきた者にのみ真贋が評価できるような、いわゆる本音と言われるような表現も多い。

　そうして生々しく描出される水俣病問題は、今日なお引き続き解決途上の問題である。評者である私は、中央官庁の人間として係わり、今も、別の立場でその解決の一端に係わり続けている（それゆえ、本書で引用されるような文献は出していない）が、本書で勧める道ゆきには同感するところが極めて多い。加害側が被害者を回避するのでなく、十分なコミュニケーションを図るための接近行動を取り、相互協働関係を築け、という考えは、私自身の考えでもあったことに、本書を読んで気づかせてもらった（なお、自民党の「補償金確保特措法案」と、実際に制定された「水俣病特措法」との関係を重く見る点で、評者とは意見を異にするところもないではないが、そんなことは言うまい。）。放射能汚染問題だけではなく、本書が、著者のお膝元の問題の寛解に各方面で役立てられることも大いに期待したい。

小　林　　光

慶應義塾大学大学院 教授

目　次

緒言………………………………………………………………小林　光

新版　はじめに
はじめに

序　章　人間社会と環境被害……………………………………1
　1　環境と人間……………………………………………………1
　2　環境問題と行動選択…………………………………………8
　3　環境被害とガバナンス………………………………………11

第1章　水俣病と被害者救済の経緯……………………………15
　第1節　水俣病の発生と被害拡大………………………………15
　　1　水俣とチッソ………………………………………………15
　　2　奇病の発生と遅れた原因究明……………………………17
　　3　科学的証明の壁……………………………………………20
　　4　罠に陥る意思決定…………………………………………22
　　5　初期の被害対策……………………………………………24
　　6　チッソの経営危機…………………………………………27
　第2節　被害者救済と補償………………………………………29
　　1　見舞金契約と患者認定制度………………………………29
　　2　地域経済被害への対応……………………………………33
　　3　裁判闘争と政治解決………………………………………34
　　4　最高裁判決の社会的含意…………………………………37
　　5　新救済策の展開……………………………………………40

6 被害者と補償対象者……………………………………………42

第2章 原因企業救済の経緯……………………………………49
 第1節 チッソ支援の変遷……………………………………49
  1 環境費用の負担原則……………………………………50
  2 閣議了解「水俣病対策について」……………………52
  3 チッソ支援の政策構造…………………………………55
  4 被害補償金支払い支援…………………………………56
  5 経営基盤強化支援………………………………………59
  6 公的債務返済支援………………………………………62
  7 企業分社化………………………………………………63
 第2節 日本の統治構造と水俣病……………………………66
  1 認定業務とチッソ支援…………………………………67
  2 地方自治体の行動選択と到達点………………………69
   ⑴熊本県の行動原則(69) ⑵財源の確保(71) ⑶責任主体の明確化(72)
  3 15年目の分水嶺…………………………………………73
  4 抜本的金融支援措置……………………………………77
  5 水俣病特措法成立の経緯………………………………79

第3章 環境被害とフレーミング………………………………85
  1 フレーミングとは………………………………………85
  2 利益と行動選択…………………………………………86
  3 水俣病の多層フレーム…………………………………89
   ⑴被害者(90) ⑵原因企業(93) ⑶行政(96)
  4 異なる評価………………………………………………98
  5 行動選択のジレンマ……………………………………102

第4章　環境被害の教訓 ………………………………………………… 109
  1　再起現象 ……………………………………………………………… 109
  2　社会的要因 …………………………………………………………… 113
    (1)市場経済主義(114)　(2)科学技術の限界(115)　(3)政局政治と立法(117)
    (4)行政組織と官僚機構(119)　(5)ガバメント型統治システム(122)
  3　環境被害への社会市民的アプローチ ……………………………… 126
    (1)セルフ・ガバナンス(129)　(2)ソーシャル・ガバナンス(133)
    (3)エマージェンシー・システム(137)

第5章　放射性物質汚染と行動選択 …………………………………… 141
  1　対立する科学 ………………………………………………………… 142
  2　食品の放射性物質汚染 ……………………………………………… 147
  3　汚染がれき処理と除染 ……………………………………………… 152
  4　観察者と当事者 ……………………………………………………… 158
  5　幸福の構成要素 ……………………………………………………… 164
  6　不確実性と意思決定 ………………………………………………… 170

第6章　福島第一原発事故の被害補償と東電救済 …………………… 179
  1　社会的意思決定のジレンマ ………………………………………… 179
  2　無過失・無限責任 …………………………………………………… 184
  3　倒産させない政策選択 ……………………………………………… 199
  4　新たな教訓 …………………………………………………………… 210

参考文献 …………………………………………………………………… 228

あとがき …………………………………………………………………… 248

序　章

人間社会と環境被害

　私たちを取り巻く環境問題は、ゴミや騒音、大気汚染、環境ホルモンや食品の安全性、地球温暖化や酸性雨、森林破壊、砂漠化、稀少動植物の保護、そして最近では福島第一原発事故による放射能汚染問題など、実に広範囲で多種多様である。このような環境問題の全体理解に役立つ言葉として、システム（system）と関係性（relations）がある。システムはギリシア語の「結合する」に由来するが、相互に影響を及ぼしあう複数の要素から構成される1つのまとまりのことを指している。私たちは地球の物質循環システムの一要素であると同時に、その中に形成されている生物圏システムの一要素であり、そのまた中に形成された人間社会システムの一要素でもある。システム内の各要素は複雑な相互関係にあり、システム間にも同様な関係がある。人間は地球システムから天然資源を、生物圏システムからは動植物を必要に応じて摂取し不用物を廃棄しながら、生活圏を急速に拡大させてきた。このような重層化したシステムの中で暮らしている私たちは、各システムの構成要素から影響（インプット）を受けるとともに影響（アウトプット）を与えている。私たちが使ったり捨てたりする物質やその量を変えていけば、各システム内の相互作用を通して私たちが受け取るものも変わることになる。

1　環境と人間

　環境問題の源流は、私たちの日常の行動選択にある。私たちには、生理的、

精神的快楽（快感や快適さ、幸福感、充実感）を求め、不愉快さ（不快感や苦痛、煩わしさ）を避けようとする本能的習性がある。フロイトが「快楽（幸福）原則」と名づけた行動原則と旺盛な好奇心、高い思考能力やコミュニケーション力が相まって、人間はより快適な生活を求めて活動範囲を広げ、独自の社会を発展させてきた。

　私たちの直接の祖先は約20万年前にアフリカで誕生したとされるが、他の動物と同様の生活スタイルであった時代は、利用できる物質やエネルギーはきわめて限られ、地球の物質循環や生物圏システムへの影響は無視して差し支えなかった。しかし、人間は約1万年前に他の動物が行うような狩猟生活に別れを告げ、森林を農地や牧草地に変えて農耕・牧畜を主体とする生活に移行する。地球上の物やエネルギーを自分達の用途に合わせて積極的に利用するようになったのである。

　その頃の人間社会は家族や集落を単位とする共同体社会であり、必要な食料や物を自分で獲り、あるいは生産し、消費する自給自足が原則であった。この共同体生活の中で経済活動の分業が始まる。分業が進んだのは、各人が得意な分野、つまり生産性の高い分野へ特化することによって、より効率的に採取や狩猟、生産ができるからである。その後、共同体間で物々交換が行われるようになり、これまで手に入れることができなかった物を消費できるようになる。交易は共同体間の分業をうながし、生産性の向上と経済活動の拡大をもたらすことになった。

　経済活動をより円滑にするために考案されたものが「貨幣」である。物の価値を1つの尺度で評価でき、交換媒介・支払い手段として使え、価値を貯蔵する機能を持つ貨幣は、物々交換の不便さや非効率さを解消し、経済活動の効率性、生産性を飛躍的に高めることになった。一方で、「価値の貨幣化」が進み、人間の健康や生命、精神的被害も貨幣価値で換算される社会が成立した。

　他の動物に比べて身体能力に劣る人間の生活を支えたのが知恵であり、後に体系化される「科学技術」の知識である。人間の祖先は石器などの道具を

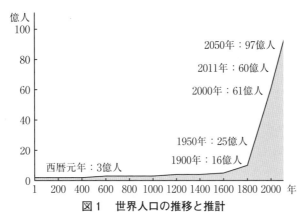

図1　世界人口の推移と推計
出典：国際連合人口部（2015）「The 2015 Revision of World Population Prospects」に基づき著者作成

考案し使っていたが、以後、現代に至るまで、人間は欲望の実現、未知への挑戦、人類への貢献といった様々な動機から森羅万象を解き明かそうとし、あるいは人間社会の発展に役立つと思われる新たな知識や技術を蓄積、体系化してきた。特に、産業革命以降、科学技術は飛躍的な発展を遂げ、経済活動の一層の専門分化と経済活動の急速な拡大が、様々な社会的リスクの増大を伴いながら進み、大量採取、大量生産、大量消費、大量廃棄という生活様式が定着していったのである。

その結果、8世紀頃までは約1,000万人に過ぎなかった人口も、産業革命期の19世紀初頭には約10億人に増え、石炭や石油というストック・エネルギーを積極的に利用するようになった20世紀は、100年間で人口が約4倍（15億人から60億人）に増えた。国連の人口推計（2015）によれば、2056年には100億人を超えると予想されている。このままでいけば2,000年後には人間の総体重は地球の重さと同じになる増殖スピードである（松井：2000）。

人間社会システムの特徴は、活動に必要な原材料を人間社会の外部、すなわち生物圏や地球循環システムから調達、加工、消費し、不要物を外部に放出する点にある。人間活動の拡大に伴い、外部システムとの物質のやり取り

も加速度的に拡大し、その結果、様々な影響が人間社会にフィードバックされるようになってきた。

負のフィードバック

　生物圏のシステムから人間社会にもたらされる負のフィードバックの典型例が水俣病である。水俣病は海に放出されたメチル水銀が食物連鎖によって次々と生物濃縮され、連鎖の頂点に立つ人間にもたらされた深刻な健康被害である。全米化学会（ACS）によれば、現在、地球上には人工的に生成された5,000万種類以上の化学物質が存在しており、毎日12,000種類以上の新たな化学物質が生成されている。うち約10万種類が世界で生産されており、日本でも約5～6万種の化学物質が生産、使用されている。新たに作り出された化学物質は、確かに人命を救い、豊かさ、便利さ、快適さをもたらしたが、一方で長期間分解されることなく様々な形で蓄積し、動植物にも多様な影響が出始めている。

　例えば、第二次世界大戦後初めて日本に登場した農薬を始めとする薬剤は、害虫駆除に大きく貢献し、今ではスーパーで虫食い野菜を見つけることは不可能である。しかし、薬剤を使い続けていくうちに昆虫はしだいに抵抗力を持ち、これまでの殺虫効果が著しく低下しつつある。昆虫は環境変化への強い適応力が知られているが、これまで経験したことのない有毒な化学物質に対し、人間に比べて驚くほどたやすく順応する能力を持っている。そのため、より毒性の強い薬剤の開発が求められ、害虫はそれに合わせてより強い抵抗力を備えていくというイタチごっこが続いている。ウイルスや細菌などの薬に対する耐性の発達も同様である。寿命が短く世代交代を繰り返す中で、環境の変化に順応した個体が増殖を繰り返している。

　一方、人間は害虫に比べれば複雑な生体構造であり寿命も長く、環境変化への生物的対応も緩慢である。最近では、むしろこれまで持っていた免疫力、自然治癒力が低下しているとの指摘もある。日本で初めて花粉症が報告されたのは50年ほど前の1963年のことだが、現在では国民の約20％が花粉症だ

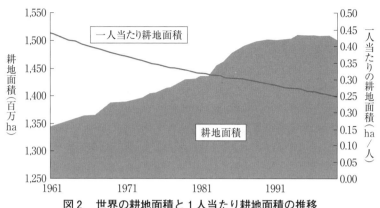

図2 世界の耕地面積と1人当たり耕地面積の推移
出典：農林水産省近畿農政局整備部「水土里の近畿を次世代に」

と言われている。厚生労働省の調査では、日本の国民の3分の1には何らかのアレルギー疾患があり、アトピー性皮膚炎の患者は約1,280万人、シックハウス症候群患者は約500万人と推定されている。これらの言葉が普通に使われるようになったのもさほど昔のことではない。私たちの衛生環境や生活様式の変化、食品などに含まれる様々な化学物質などが指摘されているが、原因はよくわかっていない。

　また、地球の物質循環システムからもたらされる負のフィードバックも、人間社会に深刻な影響を与え始めている。第1の問題は、人口が増大する一方で、私たちが必要とする天然資源の一部がすでに地球から調達し得る総量に近づきつつあることだ。例えば、人間が生きていくためには水と食料が不可欠だが、人間1人が1年間に必要とする水量（4,000 m³）以下の水資源しかない渇水地域に世界の約半数の人間が住んでいる。

　また、熱帯雨林など地球上の森林の半分を焼き払いながら広げてきた約15億haの耕地も、過去30年間ほとんど増えていない。これまでは単位面積当たりの収穫量を増やすことで食料需要の増大に対応してきたが、2005年以降穀物生産量は頭打ちの状況にある。魚介類に対する需要は約1億6,000万トンだが、漁獲量は1990年代以降9,000万トン台で推移しており、不足する残

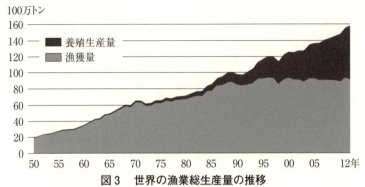

図3　世界の漁業総生産量の推移
出典：国際農林業協働協会（2014）『世界漁業・養殖業白書 2014 年 日本語要約版』

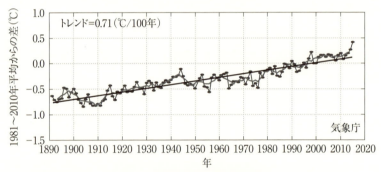

図4　世界の年平均気温偏差
（注）細線：各年の平均気温の基準値からの偏差、太線：偏差の5年移動平均、
　　　直線：長期的な変化傾向。基準値は 1981〜2010 年の 30 年平均値。
出典：気象庁「世界の年平均気温の偏差の経年変化（1891〜2015 年）」

りの4割は養殖でまかなわれている。

　エネルギーの問題もある。現在の人間社会活動は大量の天然エネルギー資源に支えられて成立している。電気、ガス、水道は、私たちの日常生活に欠かせないだけでなく、社会基盤を形成する交通、運輸、通信を始め、あらゆる産業の駆動力はエネルギーである。国際エネルギー機関（2015）によれば、2040 年には世界のエネルギー消費量は現在の 1.4 倍に達する見込みであり、特に中国、インドなどの発展途上国では経済成長に伴って、石油や石炭、天

然ガスなどの化石燃料の需要の増大が予想されている。一方、世界のエネルギー供給可能量（可採年数）は、現在の消費量を前提とした場合でも石油は50年、石炭は120年、天然ガスは60年程度と見込まれている。今後新たな油田や鉱山の発見の可能性はあるとしても、化石燃料をエネルギー源とする人間社会システムの見直しが迫られる日は、遠い未来のことではない。

　第2の問題は、人間社会システムから放出、廃棄される物質が地球の物質湯循環システムにも無視できない影響を与え始めていることだ。私たちは広大な自然を前にすると、人間はきわめて微力で小さな存在だと感じるし、スケールが大きすぎで日常生活の中では切迫感をもって感じにくい。しかし、私たちの活動が想像よりはるかに地球の物質循環システムに影響を与えることを証明したのが、フロンガスによるオゾン層の破壊である。

　1928年に初めて生成されたフロンガスは、化学的な安定性、生体毒性がない、無色無臭、不燃性といった経済的利点があることから、冷蔵庫やエアコンなどの冷媒、溶剤、消火剤、噴霧剤など広く使用されていたものである。フロンによるオゾン層破壊の危険性が初めて指摘されたのは1974年のことだが、当時、この問題を真剣に受け止める研究者はほとんどいなかった。オゾンは成層圏で生成されているものであり、大量のフロンが大気中に放出されても拡散して成層圏まで達するのはごくわずかであり、オゾン層には特に影響を与えないと考えられていたからである。しかし、1982年に日本の南極観測隊が南極上空のオゾンの極端な減少を観測、続いてイギリスの観測所も同じ現象を観測し、研究者を含め多くの人々を驚かせたのである。

　研究者たちは、人間活動が排出するCO_2などの温室効果ガスによる地球温暖化にも警告を発している。気候変動に関する政府間パネル（IPCC）の第4次報告書によれば、過去100年間で地球の表面温度は0.74℃上昇（過去30年間は10年間で0.2℃ずつ上昇）し、温暖化は加速している。北極海の氷の溶解も進んでおり、2040年頃には北極海の氷は消滅すると予測されている。CO_2や水蒸気、メタンなどが大気中に増えていくと、温暖化が暴走的に進み防止不可能となる限界点があるが、このままでは20年ほどで温暖化の暴走が始ま

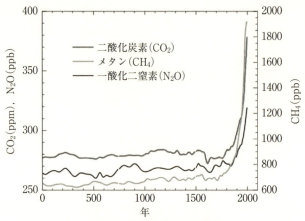

図5 温室効果ガスの濃度
出典：気象庁（2007）「IPCC 第4次評価報告書 第1作業部会報告書概要及びよくある質問と回答」
〈http://www.data.kishou.go.jp/climate/cpdinfo/ipcc/ar4/ipcc_ar4_wgl_es_faq_chap2.pdf〉

り、気候変動に伴う大干ばつや大洪水の頻発、海面上昇に伴う臨海部の水没など、きわめて大きな影響が及ぶと予測されている。

2　環境問題と行動選択

　大量の物質とエネルギーを使う今の私たちの生き方を拡大し続けるとすれば、そう遠くない将来に限界を迎えることになる。研究者たちは強い危機感を抱いて、現在の経済活動の在り方を見直すよう訴えているが、人々の反応は鈍い。それはなぜだろうか。
　第1の理由は、それが「私的利益の最大化」という私たちの基本的な行動原則に反しているからである。私たちには利己心と公共心があり、他者と競争しつつ他者に依存しながら生活しているが、市場経済は私たちの利己心を動力源とするものである。ここで言う「利益」とは物質的、貨幣的な利益だけでなく、充足感や満足感といった精神的な利益を含むものであり、経済学で「効用」と呼ばれているものである。経済活動であっても市場を経由せず

に(金銭の支払いを伴わずに)他人に不利益を与えることを「外部不経済」と言うが、水俣病やイタイイタイ病などは生産段階での排出物、大気汚染は生産、消費段階で生じた排出物がもたらした外部不経済である。しかし、生産者、消費者いずれにとってもゼロコストでの排出が望ましい。つまり、自らに不利益が生じない限り、排出物に費用をかける経済的誘因が生じない。不利益を受けている人に協力するよりも非協力行動をとった方が、経済的損失が少ないからである。

外部不経済のように、利益最大化原則に基づく私たちの合理的な選択が社会としての最適な選択に一致せず、乖離する場合がある。これを「社会的ジレンマ(social dilemma)」と言うが、有名な逸話に生態学者ハーディン(Hardin, G)が紹介した「共有地の悲劇(The Tragedy of the Commons)」がある。農家が共同で使う共有地(入会地)において、どの農家も利益の最大化を求めてより多くの羊を放牧しようとすると、やがて羊の食べる牧草が共有地の牧草の総量を越える日が来る。牧草は食べ尽くされ、誰もが自分の羊を失うという悲劇的結末を迎えることになる。全員が自らに有利な行動(他人への非協力行動)を取ると、全員が協力行動を取った時よりも、すべての人にとって好ましくない結果をもたらすわけである。

この例が示すように、一般に「合理的行動」と言われているのは私的利益の最大化行動であり、しかも短期的利益であることがわかる。共有地の悲劇では、「社会的利益」の確保、つまり放牧過多にならないよう羊の放牧を制限することが、結果として自分や子どもたちの将来の長期的利益の確保につながることになる。もちろん、私たちも自滅しないよう環境問題に対処し、持続可能な社会を作っていかなければならないことはわかっている。しかし、だからといって地球温暖化防止のためにエアコンの使用を控えようとはなかなか思わない。なぜだろうか。

第2の理由は、社会における「信頼」の問題である。私たちは知らない人をうかつに信用したりしないからである。地球温暖化問題は世界中の人たちが協力しなければならないが、私たちは地球上に住むほとんどすべての人た

ち、場合によっては隣に住む人が何者かさえ知らない。相手に対する情報がない場合、私たちは最悪の事態を想定して対応しようとする。例えば、真夜中、暗闇から人が近づいてきた時、私たちは不審者ではないかと警戒し、足早にその場を立ち去ろうとする。友人がわざわざ忘れ物を届けに来てくれたのだろうとは、誰も思わないものである。知らない人を疑ってかかるのは、防衛本能の自然な発露である。

　では、知り合いであればその人の行動選択が信頼できるかといえば、必ずしもそうではない。少々人生経験を積んできた人であれば、友人、知人、上司、仕事の相手先などから、多少なりとも裏切られたことはあるだろう。さらに、信用できる人であってもあなたの意見にすべて賛同し、期待する行動を選択するとは限らない。要するに、仮にあなたが地球温暖化防止のために真夏にエアコンをつけず汗を流していたとしても、ほかの人があなたを見習う保証はどこにもないのである。

　このような信頼関係のない、あるいは多様な価値観が混在する社会で、共通の社会的利益を確保しようとする場合には、「ルール（制度）」が必要になる。共有地に悲劇が訪れないよう、羊の飼育頭数を制限するための強制力あるルールの設定である。そのためには「社会的合意形成」が必要となるが、これはそう容易なことではない。例えば、地球環境に関する国際ルールづくりに取り組んでいる気候変動枠組条約締約国会議（COP）も、交渉は難航し、合意形成には長い年月を要している。

　第3の理由は、破局の直前まで私的利益の最大化を目指すことが賢い選択だと、多くの人たちが考えるからである。環境問題は人間活動の拡大に伴う「環境リスク」にどう対処するかという問題だが、もちろん、私たちは共有地に悲劇が訪れることに全く気づかず、ひたすら羊を増やし続けるほど愚かではない。しかし、ほかの人たちが共有地を維持するために自主的に羊の頭数を制限すると信じるほど、お人好しでもない。私たちは次のように考える。悲劇的結末が誰の目から見ても明らかになると、皆が羊の頭数を制限する必要があると考え、頭数制限のルールに同意せざるを得なくなる。誰しも悲劇

は避けたいからだ。そうであれば、ルールが設定されるまで（ルールに全員が賛成せざるを得ない状況になるまで）に、できる限り利益を確保した方が総利益は増える。まだ時間があるのだからと考え、きっと破滅は避けられると考えるのである。

気候変動に関する政府間パネルの協議で、アメリカや中国がCO_2排出量の規制に反対してきたのは、ギリギリまで規制に反対してそれまでの間に羊を増やし、経済的利益を確保しようという考えからである。率先垂範（規制に賛成すること）は自国に大きな経済的損失をもたらす愚かな選択に映ってしまう。

2015年12月、2020年以降の温室効果ガス排出削減に関する国際的枠組み（パリ協定）が採択された。同協定は先進国、発展途上国を含むすべての国が参加する歴史的な合意となった。しかし、すべての国の参加が最優先事項とされたことから、各国が掲げる削減目標の達成が義務化されるには至らなかった。温暖化が人間社会に長期的不利益をもたらすことを頭では理解しつつも、依然として眼前の経済的利益に魅了されてしまう私たちの姿が、そこには投影されている。

3　環境被害とガバナンス

外部不経済や社会的ジレンマと呼ばれる事態が生じる場合には、それを解消するための新たな社会的対応が必要となる。「ガバナンス（governance）」という言葉の明確な定義が定まっているわけではないが、日本では一般的に「ガバメント（government）」が社会や組織の運営が権力的、中央統制的に行われる統治システムを指し、ガバナンスは社会や組織のメンバーが意思決定に主体的に関与する協働的な統治システムの意味で使われることが多い。ガバメントが「統治」、ガバナンスは「協治」と訳される場合もある。

日本の統治システムは伝統的に中央統制型だが、戦後復興期のように、限られた資源を効率的に配分し産業の発展を図るとともに、不足する行政サービスを画一的、統一的に全国に提供するには適していたと言えよう。民主主

義が想定する市民、政治、行政の連結関係が適切、良好だったとは必ずしも言えないが、急速な経済成長に伴う所得の増加は、市民の経済的安定を実現するとともに、税収増加による行政サービスの増大が市民の社会的不満を抑える効果をもたらしていた。

　日本でガバナンスという言葉が使われるようになったのは、1990年代初頭のバブル経済崩壊以降のことである。失われた20年と言われるように、バブル崩壊後の平均経済成長率は1％以下に下がり、一方で財政悪化から行政サービスの縮小、廃止が相次いだ。政府の経済財政政策の信用失墜と、中央統制的な統治システムへの不満の高まりである。現在、平均年収は20年前の9割程度に減少し、生活・家計満足度も大きく低下している。盛山 (2011) は、近年の日本経済は「クァドリレンマ（四重苦）」の状態にあると指摘する。デフレ不況、財政難、国の累積債務、少子高齢化の4つであり、これらの問題を同時に解決することができない状況にある。一昔前のように市民の要望に応えて行政サービスを充実させていくことは難しく、むしろ行政サービスをどう削減するかが慢性的な政策課題になっている。私たちの生活水準とも深い関わりを持つ問題である。

　従来型のガバメント型統治システムの疲労は、東日本大震災の対応にも現れている。例えば、阪神淡路大震災の際、復興基本法が成立したのは約1か月後だった。当時、政府の対応が遅すぎると批判されたが、今回の東日本大震災では復興基本法の成立に3ヵ月を要しており、復興庁の発足には1年近くかかった。原子力規制庁も政局の材料とされ、1年以上設置されなかった。阪神淡路大震災のがれき（約2,000万t）は、半年で半分以上が埋立地などに運ばれ、約1年半で震災地から姿を消した。域外に搬出されたがれきも木くずなど一部に過ぎなかった。一方、東日本大震災のがれき（約2,200万t）は、当初、阪神淡路大震災より1割程度多いと見込まれていたが、その処理は1年間で5％、最終的には3年以上の月日を要した。

　遅れる震災復興や福島第一原発事故対策をよそに、政局に没頭する政治家たちを見ながら、多くの市民が日本の政治や政府機能の著しい低下を痛感す

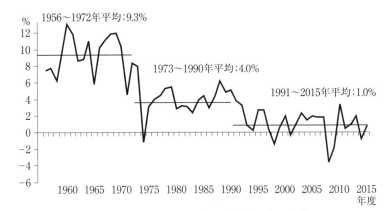

図6　実質国内総生産（GDP）成長率の推移
出典：内閣府「国民所得統計」、富山地域学研究所「富山を考えるヒント」に基づき著者作成

ることになった。震災からの復興や福島第一原発事故の処理が順調に進んでいると思っている人は、ほとんどいないだろう。

　もちろん、制度はあくまで人間にとって手段（道具）であり、それ自体は中立である。あらゆる道具と同様に、使い手によって大いに役立つ場合もあれば害をなす場合もある。わかっていることは、少なくとも今の政治家や官僚と従来型の統治システムとの組み合わせでは、市民が納得する形での社会問題の解決が難しくなっているという事実である。

　市民の社会参加を前提とするガバナンス型社会は、私たちに自律性と社会性を要請する。これまでの政治的、社会的無関心を排し、社会市民としての自覚と行動を求めるものである。

　環境問題の本質は不確実性がもたらすリスクをどう管理するかにある。このことは、環境被害が生じた際、社会市民として不確実性への自律的対応が求められることを意味している。そこでは、個人的解決と社会的解決、すなわち個人レベルでは、環境被害から身を守るためのセルフマネジメントのあり方が問われ、社会レベルでは環境被害という社会課題解決のための政策マネジメントのあり方が問われることになる。

本書は、日本の公害の原点と言われる水俣病と福島第一原発事故被害を取り上げているが、環境被害には同様の社会現象が繰り返される「再起性」がある。忙しい毎日を過ごす私たちにとって、半世紀以上前に起こった出来事はすでに忘却の彼方にあるが、私たちの意識や行動が以前と変わらずガバメント型社会を前提としたものであるとすれば、水俣病と同様の苦難が福島第一原発事故被害においても繰り返されることになる。前車の轍を踏まないためにも、私たちは過去を振り返り先達の苦労に学ぶことが大切である。

第1章

水俣病と被害者救済の経緯

　私たちにとって、水俣病をはじめとする公害問題は学校の教科書に載っていたことが記憶に残っている程度である。しかし、「水俣病はまだ終わっていない」「原因企業チッソは40年以上も政府から多額の支援を受けている」と聞くと、半世紀以上も前に起こった公害がなぜ今も解決していないのか、政府はどうして原因企業を特別扱いするのかといった素朴な疑問がわいてくる。

　本章では、水俣病の発生からどのような経緯をたどって今日に至ったかを概観するが、環境被害の解決は予想以上に難しいことがわかる。水俣病の足跡は、福島第一原発事故に関わる人たちが歩み始めた、長い道のりの道標とも言えるものである。

第1節　水俣病の発生と被害拡大

1　水俣とチッソ

　水俣病という病名の由来となった水俣はどのような地域で、チッソと水俣はどのような関係にあったのだろうか。

　水俣は、九州の西岸、不知火海（八代海）を臨む熊本県西南部に位置している。1889年の水俣村制施行時の人口は12,040人、漁業と農業、林業で生計をたてる地域だった。海沿いの「湯の児」と山間の「湯の鶴」には良質な温泉

がわき出る自然豊かな田舎であった。水俣とチッソの関係は、後に「日本の電気化学工業の父」「朝鮮半島の事業王」と称された野口遵（のぐちしたがう）が1906年に曾木電気株式会社を設立、その翌年に水俣に日本カーバイド商会を設立したことに始まる。

1908年には曽木電気と日本カーバイド商会が合併して、日窒（日本窒素肥料株式会社）となり、水俣にはカーバイト工場が建設された。日窒は、野口が空中窒素固定法という画期的な方法で化学肥料の硫安の製造を始めてから飛躍的な発展を遂げる。九州各地に発電所を作りながら熊本県八代や宮崎県延岡などにも工場を建設し、1930年代には日本の新興化学工業界をリードする存在となった。ちなみに現在の旭化成株式会社は、日窒の延岡工場が後に分離独立したものである。

その後、日窒は朝鮮半島や中国東北部に進出、大規模な発電所を建設した。海外法人である朝鮮窒素株式会社は、約45,000人が働く興南工場を中心とした一大化学コンビナートを作り上げ、日窒コンツェルンと呼ばれる新興財閥にまで成長したが、その栄華は長くは続かなかった。

日窒は第2次大戦によって総資産の約8割を失い、さらに戦後の財閥解体の中で1950年に解散、水俣工場が新窒（新日本窒素肥料株式会社：1965年にチッソ株式会社に社名変更）に、プラスチック事業がのちの積水化学工業株式会社に分かれた。

なお、当時の日窒や新窒は業界最高水準の技術力を誇っており、研究者や大学生の人気も高く、応用化学専攻の東大生でも成績優秀者でなければ入社試験を受けられないと言われたほどであった。

一方、かつて農漁村であった水俣村の人口は日窒、新窒の発展とともに増え、市となった1949年には42,137人、1956年には50,461人とピークに達した。1960年当時、15歳以上の労働人口の約4分の1が新窒やその下請け企業の従業員であり、水俣はチッソと深く結びつくことになった。水俣工場の所在地は野口町だが、これはチッソの創業者野口の名に由来する。また、国鉄水俣駅はチッソ水俣工場の正門前に建設されている。

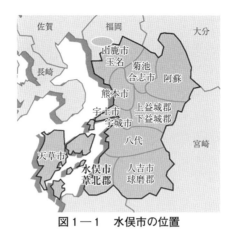

図1－1　水俣市の位置

　1926年には元チッソ水俣工場に勤めていた坂根次郎が町長になったほか、戦後も1950年には水俣病の原因物質を副成したアセトアルデヒド製造の技術開発者であった元水俣工場長の橋本彦七が市長になっている。このほかにも多数の水俣工場従業員が市会議員となった。水俣市の財政も大きくチッソに依存し、1955年頃にはチッソ水俣工場及び同工場労働者の市税は、市税総額の半分以上を占めていた。水俣市は農漁村からチッソとともに歩む企業城下町、運命共同体へと変わっていったのである。

　合成酢酸やプラスチックの可塑剤（かそざい）の原料となるアセトアルデヒド生産は、1960年に戦後のピークを迎えるが、新窒は常に国内生産量の3分の1から4分の1を占めていた。可塑剤とは、成形や加工を容易にするためにプラスチックや合成ゴムに添加する物質のことである。なお、触媒として使用されていた水銀を含む工場廃水は、アセトアルデヒドが製造されていた1932年から1968年までの36年間のうち、末期を除きほぼ全期間にわたって放出されたと推定されている。

2　奇病の発生と遅れた原因究明

　当初、水俣病は原因不明の奇病として発生した。1956年4月21日、チッソ

水俣工場附属病院に特異な神経症状を示す少女が受診し、ついで妹も同じ症状で入院したが、その疾病の原因は全くわからなかった。母親の話から同様の症状の患者が近所にいることを聞き、事態を重く見た細川一院長は同年5月1日に水俣保健所に報告した。後に「水俣病の公式発見」とされる日である。

水俣病の原因物質は有機水銀の一種であるメチル水銀化合物であり、チッソ水俣工場のアセトアルデヒド製造施設内で副成され、工場の排水に含まれて工場外に流出したものである。水俣病は、メチル水銀化合物が魚介類の体内に蓄積され、その魚介類を多量に摂取した者の体内に取り込まれ、大脳、小脳等に蓄積し、神経細胞に障害を与えることによって引き起こされる中毒性の中枢神経疾患である。症状は、手足のしびれや震えなどの四肢末梢（手足の末端付近）の感覚障害や平衡機能障害、運動失調、求心性視野狭窄（中心部は見えるが周辺部が見えにくい症状）、言語障害などであり、重症例から軽症例まで多様な形態がみられる。母親が妊娠中に摂取したメチル水銀化合物が胎盤を通して胎児に侵入し、深刻な障害を引き起こす胎児性水俣病も発生した。しかし、水俣病が公式に確認されてから政府が原因物質を特定するまで、12年という長い年月を要することになった。

公式発見以降、水俣保健所や熊大研究班（熊本大学医学部の水俣病医学部研究班）、厚生省の厚生科学研究班などにより調査・研究が開始された。熊大研究班が中心となり原因究明に取り組んだが、その道のりは困難をきわめた。最大の障害は、チッソが情報の提供を拒んでいたことにある。

水俣病発生当時のチッソの対応は、福島第一原発事故被害への東京電力の対応とよく似ているが、情報不開示は今でもよく使われる組織防衛の手段である。情報公開が企業に深刻なダメージをもたらす場合、「慎重に推移を見守る」という第三者から見れば賢明とは思えない選択も、当事者にすればリスクを回避するための有効な方法に映る。これは社員や関係者の忠誠を前提としたものだが、この種の情報はいつか漏れるものであり、結果的にはチッソに消えない汚点を残すことになった。

もう1つの障害は、熊大研究班には化学者が参加しておらず、製造過程や応用化学に関する知識が不足していたことである。結局、熊大の工学部と薬学部は最後まで研究班に加わらなかった。しかし、医学部研究班が日本化学会とは関わりのない第三者的立場であったために、逆に有機水銀説を公表することができたとも言われている。例えば、福島原発事故を機に、多くの原子力研究者が電力会社と共生関係にあり、原子力の擁護・推進派であることが注目を集めたが、化学者も同様である。研究者と企業の相互協力が科学技術の発展を加速させ、人間社会の繁栄に貢献してきたことは確かである。一方で、原子力や合成化学物質の危険性を立証し、関係分野の産業発展を妨げるような研究は、住む場所を自分で消していく行為に近い。したがって、研究者はそのようなテーマには関心を持たないし、仮に関心を持ったとしても近寄らないのが普通である。

　このような状況の中で、水俣病が保健所に報告された年の11月には、熊大研究班が中間報告会において、伝染性の疾患ではなくある種の「重金属による中毒」であり、人体への侵入は主として現地の魚介類であると報告、翌1957年1月の国立公衆衛生院での熊大研究班、国、熊本県関係者の合同研究発表会においても、魚介類の摂取が原因であるとの一応の結論に達した。

　1957年7月の厚生科学研究班の研究報告会においても、水俣病は感染症ではなく中毒症であり、何らかの化学物質によって汚染された魚介類を多量に摂取することによって発症するものとの結論が示されたが、原因物質が何であるかは不明のままであり、むしろ当時はマンガン、タリウム、セレン等の物質が疑われていた。

　1958年8月、熊本大学の竹内忠男教授、徳臣晴比古助教授が有機水銀中毒説を唱えた。一方、チッソは1958年9月にアセトアルデヒド製造施設からの排水の放出経路を、水俣湾内にある百間港から湾外の水俣川河口付近へと変更した。その結果、1959年3月以降、水俣湾外の海域で漁獲された魚介類を多食していた住民からも水俣病の発症が確認され、湾外の魚介類も危険視されることとなった。

1959年3月に刊行された熊大研究班の報告書において、水俣病の症状が有機水銀中毒の症状（いわゆるハンター・ラッセル症候群）と一致するとの論文が掲載された。熊大研究班は、その後も調査研究を続け、同年7月22日の研究報告会において、水俣病は現地の魚介類を摂取することによって引き起こされる神経系疾患であり、魚介類を汚染する毒物としては水銀がきわめて注目されるに至ったと正式発表した。熊大研究班の有機水銀中毒説は新聞にも掲載された。

また、厚生省食品衛生調査会の特別部会として1959年1月に発足した熊大研究班を中心とする水俣食中毒部会は、同年10月6日、水俣病は有機水銀中毒症に酷似しており、その原因物質としては水銀が最も重要視されるとの中間報告を行った。同年11月12日、食品衛生調査会は、この中間報告に基づいて水俣病の主因を成すものはある種の有機水銀化合物であるとの結論を出し、厚生大臣に対してその旨を答申したが、その直後に解散した。以後、水俣病の原因についての総合的な調査研究は経済企画庁が中心となり、厚生省、通産省及び水産庁が分担して行うものとされ、経済企画庁に水俣病研究連絡協議会が発足したが、4回の会合が開かれた後に自然消滅し、原因究明はそれ以上進むことはなかった。

3 科学的証明の壁

原因究明を遅らせたもう1つの障害に、因果関係の科学的証明への固執があげられる。科学技術は20世紀に入り急速に発展したが、人類が手にした知識、技術のレベルは森羅万象を理解するには、まだ遠く及ばない。また、研究者が信じて疑わなかった知見が全く誤っていたことも過去には少なからずあるが、いずれにしても科学的に証明されている（と見なされている）知見を議論の前提にするのが研究者の基本である。

チッソは、1959年8月5日の熊本県議会水俣病特別委員会で、熊大の有機水銀説は実証性のない推論であり科学常識からみておかしいと反論した。自然界において無機水銀が有機水銀に変わることは科学的にあり得ないという

チッソの主張は、当時の化学界の知見に基づくものであり、反証できる研究者はいなかった。むしろ、これまでの科学的知見に基づいて水俣病の原因を他の物質に求めようとしたのである。1959年9月には、日本化学工業協会の大島専務理事とチッソOBの橋本水俣市長が爆薬投棄説を公表した。終戦時に水俣湾に廃棄された旧日本海軍の爆薬から海水に有毒化学物質が溶け出したという主張であった。(この爆薬説は、後日、GHQの命で爆薬を廃棄した当事者が名乗り出て否定されている。)

因果関係を科学的に証明する作業は、環境問題の解決にとって厳しい関門である。当時、熊大医学部の助教授であった徳臣晴比古『水俣病日記(1999)』によれば、1959年11月に開かれた水俣病の各省連絡会議において、熊大研究班の報告に対して通産省側が「この種の化学工場は内外でたくさん実在している。チッソが元凶であれば、現在までに同じような病気が出ているはずである。有機水銀中毒というが、工業過程では無機水銀を触媒として使っている。この無機水銀がどのように有機化するか、その過程は明らかでない。したがってその説明は納得できない」とまくし立てたところ、鰐淵健之熊本大学前学長が突如立ち上がり、「研究陣は長い間、苦心惨憺してこの現実を実証した。それを何一つ手伝うこともせずして頭から否定するとは何事か」と怒髪天を衝いて目の前にあった灰皿を投げつけ、席を蹴って退席したとあるが、研究者や技術官僚は、自らの専門分野で認められている研究アプローチを取らない限り、信用はしないものである。

1960年5月、日本化学工業会は、医学、公衆衛生学のトップであった田宮猛雄博士(日本医学会会頭)を長とした錚々たる研究者たちを集め、水俣病研究会(田宮委員会)を設置し、清浦雷作東京工業大学教授が腐った魚にできるアミンによって水俣病を発症するというアミン系毒物中毒説を唱えたことから、原因は未だ確定していないという主張がマスコミによって大きく報道されることになった。

有機水銀説とは異なる説を発表した研究者たちは、結果としてチッソを擁護し、水俣病被害を拡大させた学者として名を残すことになった。しかし、

公表までの経緯を見ると、必ずしも十分な調査、厳密な分析、検討のうえで発表されたわけではなく、中には現地調査も行わずに出された説もあった。学会における研究価値と社会的価値のギャップは、これまでもしばしば指摘されてきたことだが、研究世界の価値感をそのまま現実社会に持ち込み、水俣病の原因究明の持つ社会的影響や被害者への配慮に欠けた言動が、彼らに不名誉な社会的評価をもたらすことになったのである。

一方で、熊本大学医学部では原因究明が粘り強く続けられた。そして、同大学の内田槇男教授が水俣湾産貝からメチル水銀の結晶を抽出、瀬辺恵鎧教授は実験によって水俣病を発症させる有機水銀化合物を特定させた。1962年8月に同大学の入鹿山且朗教授らは、チッソの反応塔内の残渣からメチル水銀の抽出に成功し、さらに動物による再現実験にも成功した。この一連の研究から、工場排水中のメチル水銀が魚介類中に集積し、それを食べて水俣病が起こることが確認された。1963年2月、熊大研究班は水俣病の因果関係についての最終結論を発表したが、残念なことに、この実証研究の成果は特に社会の注目を集めることはなく、当時の国の水俣病対策に活かされることもなかった。

4　罠に陥る意思決定

チッソは無機水銀の有機化に反論する一方で、熊大研究班が最終結論に至る3年以上前の1959年10月頃には、細川院長が行った実験により、チッソ水俣工場のアセトアルデヒド製造施設の排水を経口投与したネコに水俣病と同様の症状が現れることを確認していた（猫400号実験）。しかし、チッソは実験の続行を中止したうえで、この実験結果を公表しなかった。1961年には工場排水からメチル水銀を検出していたが、このことも公表されなかった。また、1960年1月に排水の循環処理施設（サイクレーター）を建設し、工場排水処理対策を完全に実施したと発表したが、実際にはメチル水銀を取り除く効果はなかった。

現在チッソに奉職する人たちも理解に苦しむ一連の行動が、なぜ続けられ

たのだろうか。それは、当時のチッソ幹部の判断が、きわめて限定的な条件のもとでしか成立しない、願望的な将来予測に基づいて行われていたからにほかならない。チッソは原因企業ではないという主張を貫くためには、無機水銀の有機化の科学的証明は困難である、ネコ実験の結果は外部に漏れない、部外者が同様の動物実験をすることはない、工場排水からはメチル水銀は検出されない、法令違反に問われる（裁判で敗訴する）ことはない、循環処理施設に関する情報は外部には流出しない等々の将来予測が必要となる。この希望的観測がどの程度高い潜在的リスクを抱えた思い込みであるかは、第三者から見れば明らかだが、当事者にはわからないことも少なくない。

オリンパスの粉飾決算事件（2011年）もそうだが、これが「罠に陥る意思決定」と呼ばれるものである。このような高いリスクを伴う願望的意思決定がいったんなされると、その決定を変えること自体がさらに困難な事態を招くという危機感から、その道を走る以外にないという思い（現状維持バイアス）や、そのためにすべてをうまくコントロールしたいという願望（コントロール幻想）に強く囚われ、結果的に高い潜在的リスクが積み重なる形で同様の意思決定が繰り返される場合がある。その場をしのぐことを優先して将来リスクを無視することは長期的利益を視野から外すことにほかならないが、それはブレーキが壊れた車のように、決定的な破局が訪れるまで繰り返されることになる。現実を冷静に評価、学習することができず、自らが作り出したリスクの高い仮想現実（バーチャル・リアリティ）に入り込んでしまうのである。

学習の近視眼には、3つのタイプがあるとされる（Levinthal and March：1993）。第1は「時間の近視眼（temporal myopia）」であり、短期的な利益を重視するあまり将来のリスクや損失を軽視してしまうことを指している。第2は「空間の近視眼（spatial myopia）」であり、例えば視野が組織にとどまり、行動がどのような社会的影響を及ぼしどのように評価され組織に影響を与えるのかという全体像を見失っている状況をいう。第3は、「失敗の近視眼（failure myopia）」であり、組織としての成功体験が重視され、失敗体験が過小評価され見落とされてしまうものである。

実際、チッソの近視眼的意思決定の代償はきわめて大きかった。1991年の地球環境経済研究会の研究報告によれば、チッソが未然に水俣病の発生防止策を取る決定をしていた場合に比べて、被害総額は100倍以上に膨れ上がり、30年以上も倒産の瀬戸際で苦闘を続けることになったのである。

　願望的将来予測に基づく行動選択は、いつかは破綻する。1965年、新潟県阿賀野川流域で昭和電工鹿瀬工場からの排水によるメチル水銀中毒（新潟水俣病）が発生、そして水俣病の公式発見から12年後、熊本大学医学部の水俣病の最終結論から5年後の1968年9月26日、「水俣病に関する政府公式見解」が発表され、「チッソ水俣工場のアセトアルデヒド・酢酸製造工程中で副生されたメチル水銀化合物が原因」（厚生省：当時）とされ、水俣病は公害病として認定されたのである。

　なお、政府の公式見解は、相当の因果関係が認められるとして出されたものだが、科学的因果関係が完全に証明されていたわけではなかった。当時、日本には2万人以上の応用化学研究者がいたとされるが、西村肇と岡本達明（2001）がアセトアルデヒド製造過程におけるメチル水銀の副生過程を初めて科学的に解明するまで、原因物質の生成に関心を示す研究者が現れることはなかったのである。

5　初期の被害対策

　被害拡大防止に関し、地元自治体にとって最大の障害となったのは、このような大規模な環境被害を想定した法令がなかったことである。1956年5月に奇病の発生が確認されてから、熊本県が水俣市の住民に対して水俣湾の魚介類を摂取しないように呼びかけるとともに、湾内での漁業を自粛するように地元の水俣市漁協（水俣市漁業協同組合）に申し入れている。科学的な原因解明はなされていなかったが、魚介類を多食すると発症するという強い疑いがあったためである。このような行政指導もあり、1956年12月以降しばらくの間は新たな患者の発生は見られなくなった。

　1957年4月には、伊藤蓮雄水俣保健所長が水俣湾の魚を猫に与えて神経病

変を起こすことを確認し、熊本県に漁業禁止を要請した。確証を得た熊本県は、厚生省に食品衛生法による漁業禁止を照会したが、1957年9月に厚生省から来た回答は、水俣湾特定地域の魚介類すべてが有毒化している根拠がないので魚介類の販売禁止措置はできないというものであった。生息する魚介類すべてを調査して証明せよというのは不可能な注文である。しかし、食品衛生法以外、漁獲禁止や魚介類の販売禁止措置を取れる法令がないと判断されたことから、熊本県は水俣湾で取れた魚介類の食用自粛指導と、水俣市漁協への湾内での漁業自粛指導を行うにとどまることになった。熊本県や水俣市は、その後も危険水域としての指定や漁業捕獲禁止のための特別立法等について国に対して要望を続けたが、その要望に国が応えることはなかった。

1958年8月、新たな水俣病患者の発生が確認される。この患者は水俣湾の魚介類を自ら捕獲して多量に摂取していたことから、熊本県は水俣湾及び周辺の魚介類を摂取しないことを周知徹底するために、改めて住民に対して広報活動を行うとともに、水俣市漁協に漁業を自粛するよう申し入れた。水俣市漁協の漁獲自粛はしばらく続いたが、水俣病の発生が終息したと考えられた1962年4月には水俣湾を除き解除され、1964年5月には全面的に解除された。

被害拡大防止への国の対応はきわめて緩慢であった。これは各省庁間の消極的権限争いによるところが大きい。どの省庁にとっても水俣病は魅力的な政策課題とは映っていなかった。食品衛生と医療が厚生省、漁業が水産庁、工場が通産省、全体的な判断責任は経済企画庁となっていたが、このように責任の所在があいまいな場合には、どの省庁もこの種の面倒な問題は引き受けようとしないのが普通である。また、通産省が水俣病の原因がチッソの工場排水であると認めるためには厳密な原因解明が必要だと主張していたため、経済企画庁が水俣海域を水質保全法（旧法）の指定区域に指定し水質基準を定め、工場排水規制法（旧法）に基づいてメチル水銀に対する規制を開始したのは、政府公式見解から5か月後、水俣病の公式確認から13年後の1969年2月のことだった。

一方、チッソは同法による規制が始まる9ヶ月前にアセトアルデヒドの製造を停止し、その時点で日本における水銀を触媒としたアセトアルデヒドの製造そのものが行われなくなっていた。チッソは違法操業をしていたわけではなく、合法的にメチル水銀を排出していたのである。

1973年5月、熊大の第2次研究班が、水俣湾とその周辺の魚介類は依然として危険であり、多量に摂取すると発病のおそれがあると発表したため、熊本県の指導により水俣市漁協は再び自主規制を開始した。また、熊本県は1974年1月に水俣湾内に汚染魚を封じ込めるために仕切り網を設置した。この措置は1997年10月に全面撤去されるまでの23年間続けられることとなった。また、熊本県、水俣市、水俣市漁協によって一般の釣客などに対する告知板の設置や巡回、漁船による海上パトロールなどによって魚介類の捕獲自粛指導が行われたが、法的強制力のない行政指導や協力要請にとどまった。

健康被害に関しては、熊本県が1971年から1974年にかけて約55,000人を対象とした水俣湾周辺地区住民の健康調査を実施している。この調査では、アンケート調査による1次検診、地元開業医による2次検診、熊大医学部専門医による3次検診が行われ、水俣病及びその疑いのある者が158名、判断保留者が398名であった。また、環境庁の委託を受けて4県（長崎、佐賀、福岡、熊本）による有明海周辺住民の健康調査が実施されることとなり、1973年から1974年にかけて有明海及び八代海沿岸住民約31,000人に対して健康調査が実施された。その調査で水俣病と診断された住民は1人であった。このほか、熊大や鹿児島大学等の研究グループによる独自の健康調査も行われた。

なお、発生当初は原因が不明だったことから、1956年7月に水俣市は疑似日本脳炎として公費で入院費を負担することとし、市伝染病舎に被害者を収容した。また、翌月には熊本大学が医療費負担のない学用患者として同大医学部附属病院に入院させている。このほか、熊本県や水俣市によって、被害のために生活に困窮する世帯に対し、生活扶助や医療扶助を適用するなどの緊急対策を取っている。

6　チッソの経営危機

　チッソを支援する理由は、被害補償がチッソの支払い能力をはるかに上回っていたことにある。すでにチッソは、1972年度末には関係金融機関に約409億円の融資を受けていたが、1973年の熊本地裁判決や認定患者との補償協定締結によって補償金支払いが急増し、借入金の元利金返済が困難な状況となった。そのため、チッソは緊急対策として関係金融機関に異例の支援措置を申し入れた。その結果、①元本約408億円の返済猶予、②うち約272億円の元本に係る利子（平均金利8.4％）について約10億円の金利を免除し、約13億円については金利棚上を行うという金融特別措置が取られた。しかし、その代償としてチッソは民間金融機関から長期資金の融資を受けることが困難となったのである。これは、チッソの企業活動にとって大きな足かせとなった。

　さらに、県債方式によるチッソ支援が開始される前年の1977年度までの5年間に、チッソは患者への補償金等約320億円を支払うために、企業体力を削ぎ落とす形でその財源をねん出している。

　国が水俣病の原因はメチル水銀であるという公式見解を発表した1968年9月期貸借対照表は、資産合計551億3,500万円、資本金78億1,400万円、負債合計は448億9,600万円だったが、財務状況は年ごとに悪化する。5年後のチッソと認定患者との補償協定が成立した1973年9月期には、111億8,300万円の欠損金が計上され、債務超過に陥っている。そして、チッソ支援が開始された1978年9月期の欠損金は、364億1,500万円に膨れあがっていた（酒巻・花田：2004a）。

　また、1971年9月期に経常収支が赤字になって以降、累積赤字は期ごとに増大し、1973年にはほぼ資本金と同額となった。5年後の1978年度には、売上高865億8,600万円に対して3,300万円の経常赤字を計上している。当時のチッソの経営状況は表1-1のとおりだが、1978年度の補償金支払い額は68億2,500万円にのぼっており、チッソの資産規模や経常利益を見れば、毎年の補償金支払いがチッソの支払能力を超えていることは明らかであった。

表 1 ― 1　チッソの経営状況（1974 年度～1978 年度）

(単位：百万円)

年　度	1974	1975	1976	1977	1978
売上高	64,306	74,285	84,424	85,843	86,586
経常利益	308	△2,992	136	△1,631	△330
当期損益	△868	△7,264	△4,785	△8,836	△7,471
未処理損失	△15,530	△22,792	△27,579	△36,415	△43,886
（補償金支払額）	3,586	3,068	4,693	5,193	6,825

出典：熊本県環境生活部環境政策課（2006）

　売却可能な資産は枯渇し、民間金融機関からの借入も困難となる一方で、患者補償金の支払は年々累増し、会社の存続自体が危ぶまれる状態になったため、チッソは国や熊本県に対して公的な金融支援を強く求めたのである。
　また、水俣湾の環境保全費用もチッソにとって重い負担となった。チッソ水俣工場の排水中に含まれていた水銀が水俣湾底にヘドロとして堆積したことから、水銀ヘドロ除去事業が1977年10月に始まり1990年3月末に終了、浚渫された水銀ヘドロは埋立て処理され、水俣湾の58haが埋立地となった。総事業費約480億円は、国・熊本県・チッソが負担した。チッソの負担は64％（約305億円）だったが、すでにチッソには支払能力がなかったため、熊本県が分割払いとして立て替える等の措置が取られた。この時、立替財源として熊本県が発行した県債が「ヘドロ立替債」と呼ばれるものであり、チッソ負担分について県が立替払いを行った際に発行した約297億円の県債のことである。チッソが、5年据置30年償還という県債償還条件にあわせて、県に返済するというものであった。
　1978年、危機的状況に陥ったチッソに対し、国は、原因者が被害補償を行うという汚染者負担原則に基づき、補償金支払に支障が生じないよう、熊本県が県債発行で調達した原資をチッソに貸し付ける金融支援が開始されたのである。熊本県が緊急避難的措置として受け入れた患者県債の発行は、結果として都合6回延長されたが、患者県債貸付だけで896億円、貸付総額約2,281億円（返済予定総額約3,549億円：2016年3月末）の公的融資の端緒となっ

たのである。

第 2 節　被害者救済と補償

　大規模な環境汚染が生じると、発生地域やその周辺に住む多くの人たちが被害を受ける。被害発生後の基本的な問題は、汚染された自然環境、被害を受けた動植物、人間を、それ以前の状態に完全にもどすことはできないことにある。水俣病の場合も、水俣湾に流出し海流に乗って拡散した有機水銀を回収することは不可能であり、被害者の身体を元どおりに再生させることもできない。科学技術は新たな化学物質の生成には熱心に取り組んできたが、地球の物質循環や生物圏システムからその物質を除去したり、各システムにもたらされた影響を消去する技術開発にはあまり関心を払ってこなかった。

　したがって、被害者救済は失われたものに対する代替補償とならざるを得ないが、それが金銭による補償である。経済的被害はもちろんだが、健康被害や精神的被害についても、すべてを金銭価値で換算するのが現在の人間社会である。しかし、因果関係の立証の難しさや被害者と加害者の利害対立、制度的不備といった環境被害の特性から、被害補償の獲得は困難をきわめることになる。本章では水俣病被害者救済の経緯を概観するが、環境被害を受けた人たちが正当だと思える補償を受けようとするならば、長い闘争が求められることがわかる。

1　見舞金契約と患者認定制度

　水俣病被害に関し、患者団体とチッソとの最初の補償交渉は、熊本県知事などによる水俣病紛争調停委員会のあっ旋により行われ、1959年12月に、患者互助会（水俣病患者家庭互助会）とチッソの間で、権威ある医師の判断に基づく申請者に対してチッソが補償金を支払う「見舞金契約」が成立した。しかし、眼前の利益に囚われていたことが、将来に大きな禍根を残すことになった。チッソの提示した契約内容は、死者30万円、生存者年金（成人10万円、未

成年者3万円)、葬祭料2万円等とかなり低いものであった。また、これ以上補償金を支払わなくて済むように、「乙（被害者）は将来水俣病が甲（チッソ）の工場に起因することが決定した場合においても新たな補償金の要求は一切行わないものとする」という条項が盛り込まれていた（同契約5条）。

　このやり方が過去の遺物ではないことは、2011年に東京電力によって証明されることになった。東京電力が被害者に送付した補償金請求書（合意書）の見本には、今後「一切の異議・追加の請求を申し立てることはありません」と被害者が宣誓する文言が挿入されていた。被害者やマスコミから非難が相次いだことからこの文言は間もなく削除されたが、東京電力は補償金請求書には全損害の記載を求め、以後の追加補償は一切しないとしていたことから、実質的には水俣病の見舞金契約と同じ性格を持つものであった。

　この種の近視眼的意思決定は、将来かえって大きな不利益をもたらすことになる。原因企業は企業体力の限界を理由に低額の補償金を「できる限りの補償額」として、申請期限を区切って被害者に提示するのが一般的である。一方、被害者は経済的困窮の中で申請に応じなければ補償金がもらえないと思い、補償額には納得していないが生活のためにやむなく補償契約に応じる。これで済めば原因企業の想定どおりの決着となるが、補償対象や補償金額あるいは補償のプロセスが社会常識から逸脱している場合には、半ば当然の帰結ながら被害者から全面補償を求める訴えが多数提起されることになる。実際、見舞金契約の妥当性については1978年の水俣病第1次訴訟判決において争われたが、判決では「公序良俗に反するものであり無効」と判断された。チッソの希望的観測は社会通念（常識）上認められないものとして瓦解したのである。

　被害者補償の問題は、国が1968年9月に水俣病を公害病として認定してから再燃したが、患者互助会の要求に対してチッソは補償基準の目安がないと主張し、交渉は進展しなかった。そのため厚生省は水俣病補償処理委員会を設置したが、その際、被害者に対しては委員の人選を厚生省に一任し、併せて委員会の結論にはしたがうという確約書の提出を求めたのが、患者互助

会が分裂する原因となった。患者互助会の中で激しい議論が繰り返された末に、1969年4月に確約書を提出して斡旋を依頼する一任派と、チッソとの直接交渉を行う訴訟派に分かれた。一任派は、1970年5月に示された補償内容（死亡者一時金400万円～170万円、生存者一時金220万円～80万円、年金6万円～2万円等）を了承し、チッソと和解契約を結んだのである。

　環境被害は関係者間の利害対立の先鋭化だけでなく、被害者間、被害地域の住民間の利害や意見の食い違いによる対立を招くことが多い。チッソの企業城下町であった水俣の場合も、被害者、チッソ従業員やチッソに依存して生活する人、関係のない人たちが混在して住んでおり、中にはチッソ従業員の家族や親せきから被害者が出ることもあった。このような状況の中で家族や社会的な関係にも亀裂が入り、地域は凄惨な様相を呈することになった。

　当時の日本は、急速な経済発展に伴い環境汚染が急速に進み、水俣病を始めとして大気汚染や水質汚濁などの公害被害が大きな社会問題となっていた。公害被害は民事上の紛争問題とされ、挙証責任を被害者側に求める不法行為法の枠組みによって処理されてきたが、被害者が原因企業の過失や被害に関する因果関係を立証することは相当な困難を伴っていた。また、訴訟という手段は決着までに長い期間を必要とし、被害者救済が進まないことから、民事責任の有無とは切り離して行政による応急的なつなぎの措置として、1969年12月に救済法（公害に係る健康被害の救済に関する特別措置法）が制定されたのである。救済法の給付期間は、判決等において損害賠償等を受けるまでの間であり、救済の対象は健康被害に限られ、農林漁業被害や休業による損失、精神上の苦痛等については対象外とされた。また、給付費用は公害の発生源である事業者の総体としての産業界が1/2、残りを国と地方自治体が等分して負担することとされた。

　1972年、民事上の損害賠償について、事業者の責任を強化するとともに被害者の円滑な救済を図るため、民法の過失責任の原則の例外として公害被害に関する無過失責任制度が導入され（大気汚染防止法、水質汚濁防止法）、民事上の被害者救済の円滑化が進められた。しかし、救済法は給付内容が限定され

ており、無過失責任制度も民事訴訟という手段であることから、依然として金銭的、精神的負担が大きいうえに長い歳月を要するものであった。

　このような事情から、1973年4月に公害健康被害補償制度のあり方についての答申が中央公害対策審議会からなされた。この答申を受けて、同年9月26日に旧公健法（公害健康被害補償法）が可決成立した。同法の性格も救済法と同じく原因者の民事責任を踏まえたものであり、①産業界への費用負担根拠を明確にして公費負担を限定させる一方で、②産業界による拠出金をもとになされる行政的解決としての性質を持ち、民事上の損害填補と費用支出と一部重なることになった。すなわち、民事責任制度と接合してはいるが、同法はあくまで民事責任制度から独立した行政上の救済制度であった（森：2003）。

　同法は、まず政府が公害健康被害者に対する補償給付などを行い、後で汚染原因者から費用を徴収するというものである。水俣病の発生地域は、原因物質と疾病との因果関係が明確で、かつ環境汚染が著しく、その影響による特異的疾患が多発している第2種地域として指定された。同法によって、本人の申請に基づいて県による医学的検診、県の公害被害者認定審査会による医学的診査を経て、水俣病か否かの認定処分が行われることになった。補償給付の内容は、療養給付及び療養費、障害補償費、遺族補償費などである。

　その後、1987年に同法の一部改正に併せて公健法（公害健康被害の補償等に関する法律）へ法律名を変え、同法に地域指定及び認定業務が引継がれた。認定制度は法律に基づく機関委任事務として都道府県知事がその執行を行うこととされ、2000年の地方分権一括法施行後も、法定受託事務として現在に至っている。このため、認定問題を始めとする患者団体等との交渉は、関係県が国の出先機関として前面に立つことになるとともに、地方自治体としての行動は大きく制約を受けることになった。

　なお、当初は認定基準の曖昧であったことから、関係県に設置された認定審査会ごとに判断基準が異なったり、認定審査が長期化する大きな要因となっていた。そこで、1971年に環境庁は典型的な症状とされるラッセル・ハンター症候群（求心性視野狭窄、難聴、運動失調、言語障害、末梢神経異常）に厳格に

こだわることなく、曝露（ばくろ）歴や家族歴等も考慮して専門医の判断に基づき認定する基準を通達した。なお、暴露歴とはメチル水銀に汚染された魚介類を食べた量や期間のことである。

その後、1977年7月に認定のための水俣病の医学的な診断基準を明確化し、2つ以上の基本的な症状の組み合わせを認定の判断条件とする「52年判断条件（後天性水俣病の判断条件について）」が国から熊本県等に示された。この判断条件はそれまでの条件より厳しいものだったため、被害者団体等から患者を切捨てチッソを擁護するための判断条件だとして、厳しい批判を浴びることになった。

公健法により認定された熊本・鹿児島両県の水俣病認定患者数は、2012年2月末現在で2,273人、生存者は504人である。

また、1992年6月から水俣病にもみられる四肢末梢優位の感覚障害（主に手足の末端付近のしびれや感覚マヒなどの症状）を有する人には医療手帳を交付、一定の神経症状を有する人には保健手帳を交付して、医療費（自己負担分）、療養手当（医療手帳のみ）、はり・きゅう施術費及び温泉療養費が支給されるようになった。

2　地域経済被害への対応

水俣湾とその周辺海域にメチル水銀が流出したことから、地域産業の中で漁業が最も深刻な打撃を受けた。水俣病被害者への補償と同様、漁業補償についても相当の紆余曲折があった。1959年7月に売れ行き不振に陥った水俣市鮮魚小売商組合が、水俣湾及びその近海で獲れた魚介類は一切買わないとした不買決議に端を発する。チッソと水俣市漁協の交渉は進展せず、同年8月にはチッソの提示した補償額の低さに反発した漁民が交渉会場に乱入し、機動隊が投入される事態となり負傷者も出た（第1次漁民紛争）。その後、水俣市長を委員長とする斡旋委員会の調停により、漁業補償2,000万円、漁業振興資金1,500万円、年金200万円等を内容とする漁業補償契約が締結された。

しかし、同年10月に不知火沿岸漁民総決起大会で決議された水俣市漁協

等の要求項目や、患者への見舞金等に対する交渉をチッソが拒否したことから、漁民約1,500人がチッソ水俣工場に押しかけ、投石等を行ったため警察が出動した。同年11月には2度目の総決起大会が開催され、チッソに操業停止の交渉を申し入れたが拒否されたため、怒った漁民が工場内に乱入し警察と衝突し、100人余の負傷者と35人の検挙者を出した（第2次漁民紛争）。その後、水俣市漁協とチッソの依頼により不知火海漁業紛争調停委員会（委員：熊本県知事、同県議会議長、水俣市長、町村会長、熊本日日新聞社社長）が設置され、翌月に損失補償3,500万円、立ち上がり資金6,500万円等の調停がなされ、これを双方が受諾したため一応の決着をみた。

1973年には、朝日新聞社が「有明海に第3水俣病」と報道としたことから、いわゆる第3水俣病騒動が起こり、チッソから漁業補償として水俣市漁協に4億円、近隣の33漁協に約30億円の補償金が支払われた。また、1977年からメチル水銀に汚染された水俣湾特定地域を埋め立てる公害防止事業が開始されたため、同事業が終了する1990年までの13年間、水俣市漁協は同海域での操業を禁止し、熊本県は同漁協に対して総額33億1,500万円の漁業補償を行った。

しかし、同事業終了後も水俣湾で国が定めた水銀の暫定的規制値を超える魚介類が確認されたため、仕切り網は残された。水俣市漁協とチッソ間で、仕切り網残置に伴う漁獲減少と同湾内で捕獲された魚介類をチッソが買い上げる補償協定が締結され、総額約9億円が支払われた。

このほか、熊本県では漁民救済のための制度融資や就職斡旋、漁場転換のための魚礁や築磯施設の設置、水俣市漁協に対する漁業転換用の漁船購入費補助、同組合員への生活資金融資を行い、水俣市は生活資金への利子補給等の対策を取った。

3　裁判闘争と政治解決

被害者の最後の拠りどころは裁判所になるが、訴訟は関係者すべてに長く辛い闘争を求めるものである。1969年6月に患者互助会訴訟派がチッソに対

し損害賠償を求め提訴したのが第1次だが、1971年の阿賀野川の水俣病裁判の原告勝訴に続いて、熊本の水俣病裁判においても、1973年3月に慰謝料1人1,800〜1,600万円等の損害賠償を認める原告勝訴の判決が出された。第1次訴訟に勝訴した原告患者と、チッソと直接交渉していた自主交渉派は水俣病東京交渉団を結成し、医療費や年金を含めた補償交渉をチッソと行ったが、容易に決着には至らなかった。こう着した交渉打開のために三木武夫環境庁長官らが仲介に入り、最終的には慰謝料1人1,800〜1,600万円、水俣病に関する医療費の全額負担、終身特別調整手当173,000円〜68,000円などの「補償協定（現行協定）」に患者各派も同意し、チッソと調印したのである。

これ以降、希望するすべての認定患者は補償協定に基づく和解契約を締結し、補償が受けられることとなった。同時に、公健法は本来の政策目的を離れて、民事上の補償協定の対象となる被害者を認定する機能を担うことになった。補償協定に基づき支払われた補償金は、慰謝料（一時金）、年金、医療費など合計1,574億円（2016年3月末現在）である。

認定患者とチッソとの補償協定の成立に伴い、認定申請者が急増する。その結果、熊本県等の認定申請処理能力が絶対的に不足する状況になり、1973年には未処分者が2,000人を超え、その後も増え続けた。このため、指定地域に5年以上居住し、認定申請後1年以上経過している等の一定条件を満たす申請者に対して、医療や施術療養への手当を支給する水俣病認定申請者治療研究事業が1974年度から実施された。

一方で、進まない熊本県の認定処理に対して「不作為違法確認訴訟」が1974年12月に起こされ、2年後の1976年12月には熊本地裁から認定業務の遅れを違法とする判決が出された。そのため、未処分者の累増を解消する手段として認定臨時措置法（水俣病の認定業務の促進に関する臨時措置法）が議員提案で国会に上程され、1979年2月に施行された。この法律によって、これまで熊本・鹿児島両県で行われていた認定業務を、国にも行うことになった。

なお、1969年6月の第1次訴訟（本人及び家族計112人）以降、1973年1月に第2次訴訟（同141人）、1980年5月には第3次訴訟（同85人）が起こされた。

行政責任を問う国家賠償訴訟は1982年から1988年にかけて相次いで起こされ、2,000人を超える原告が司法の場に解決を求めた。訴訟は多岐に及び、損害賠償請求やチッソ幹部に対する殺人罪、過失致死罪、熊本県の認定審査の遅れや国と熊本県の不作為責任などが争われたほか、行政不服審査請求や行政訴訟も行われた。なお、国・熊本県の不作為責任については、3つの地裁判決は認めず、別の3つの地裁判決では認めるなど判決ごとに司法の判断が分かれた。

1990年9月に東京地裁が和解を勧告、これを契機に各裁判所からも相次いで和解勧告が出されることになる。チッソと熊本県はこの和解勧告に応じる姿勢を示したが、国は病像論や行政の不作為責任に対する認識の相違を理由に、和解しない方針を崩さなかった。

一方、チッソとの直接交渉による救済決着を求めていたチッソ水俣病交渉団（後の水俣病患者連合）は、1988年9月初旬からチッソ水俣工場正門前での座りこみを始めたが、交渉はこう着状態に陥り、翌年3月下旬までの204日間に及んだ。この座り込みは、細川護煕熊本県知事と岡田稔久水俣市長が立会人となり、福島譲二衆議院議員（後の熊本県知事）の仲介案をもとに6項目からなる覚書調印という結果をもたらした。これ以降、3者（水俣病交渉団、チッソ、行政）によって未認定患者の救済等についての協議を進めていくこととされた。

長らく続いた患者団体とチッソ、行政との紛争状態は、村山連立政権において大きな転機を迎えることになる。水俣病の早期解決を図ろうとする政治的な動きが活発化し、1995年9月に紛争状態解決のための与党3党の最終解決案が示されたのである。

(1) 原因企業は、救済を求める者のうち一定の要件を満たす者（現に総合対策医療事業の対象者である者等）に対して一時金（260万円）を支払う。
(2) 国及び熊本県は、遺憾の意など何らかの責任ある態度を表明する。
(3) 救済を受ける者は、紛争（訴訟、自主交渉、認定申請、行政不服審査請求及び行政訴訟）を取下げ等を行うことにより終結させる。

(4) 国及び熊本県は、総合対策医療事業の継続及び申請受付再開、チッソ支援、地域再生・振興のための施策を行う。

紆余曲折はあったが、関西訴訟を除く各訴訟の原告団組織である水俣病被害者・弁護団全国連絡会議はこの解決案を受諾し、チッソとの和解が成立した。また、関西訴訟を除く訴訟は全て取り下げられた。

和解を受けて、総合対策事業の医療事業申請受付が1996年1月から約5か月間再開され、医療手帳（対象：四肢末梢優位の感覚障害を有する者）、保健手帳（対象：四肢末梢優位の感覚障害以外の一定の神経症状を有する者）を交付した。一時金と療養手当、医療費等を受給する医療手帳取得者は11,152人、医療費等を受給する保健手帳取得者は1,222人であった。

4　最高裁判決の社会的含意

唯一継続された関西訴訟は最高裁まで争われたが、2004年10月15日、最高裁は水俣病の被害拡大防止を怠ったとして国と熊本県の行政責任（不作為責任）を認め、公健法の水俣病認定基準とは異なる基準で健康被害を認定した水俣病関西訴訟控訴審の大阪高裁判決（2001年4月27日）を支持した。この判決により、原告本人58名のうち51名に対し1人当たり400～800万円の賠償が確定した。

最高裁は、国に対しては水質保全法（公共用水域の水質の保全に関する法律）と工場排水規制法（工場排水等の規制に関する法律）に基づく規制権限を、熊本県に対しては熊本県漁業調整規則に基づく規制権限を行使しなかったことを違法とした。最高裁が国・熊本県の不作為責任を認めた理由は、次のとおりである。

「工業技術院東京工業試験所では、すでに同年1959年11月下旬頃には、総水銀について0.001 ppmレベルまで定量分析し得る技術を持っており、その頃から1960年8月までの間、通産省の依頼を受けて、チッソ水俣工場の排水中の総水銀を定量分析し、0.002～0.084 ppmの総水銀が検出されたとの検査結果を報告している。国等は、遅くとも1959年11月末頃までには、水

俣病の原因物質がある種の有機水銀化合物であること、その排出源がチッソ水俣工場のアセトアルデヒド製造施設であることを高度の蓋然性をもって認識し得る状況にあった。また、国等において、その頃までには、チッソ水俣工場の排水に微量の水銀が含まれていることについての定量分析は可能であったし、チッソが整備した上記排水浄化施設が水銀の除去を目的としたものではなかったことも容易に知ることができた。

　国は、水質二法（水質保全法、工場排水規制法）に基づき、水俣湾及びその周辺海域を指定水域に指定すること、当該指定水域に排出される工場排水から水銀又はその化合物が検出されないという水質基準を定めること、アセトアルデヒド製造施設を特定施設に定めることという上記規制権限を行使するために必要な水質二法所定の手続を直ちに執ることが可能であり、手続に要する期間を考慮に入れても、同年12月末には、規制権限を行使して必要な措置を取ることが可能であった。

　水俣病による健康被害の深刻さに鑑みると、直ちにこの権限を行使すべき状況にあった。また、この時点で上記規制権限が行使されていれば、それ以降の水俣病の被害の拡大を防ぐことができた。1960年1月以降、水質二法に基づく上記規制権限を行使しなかったことは、上記規制権限を定めた水質二法の趣旨、目的や、その権限の性質等に照らし、著しく合理性を欠くものであった。

　また、熊本県は国と同様の認識を持ち得る状況にあり、1959年12月までには県漁業調整規則に基づく規制権限を行使すべき義務があったが、翌年1月以降、この権限を行使しなかったことは著しく合理性を欠くものである。なお、同規則の直接の目的は、水産動植物の繁栄保護等にあるが、それを摂取する者の健康の保持等をもその究極の目的とするものであると解される。」

　この判決は、行政関係者にとっては予想外のものであった。三権（司法、立法、行政）は制度的に分立しており、行政府は立法府（国会、地方議会）が決定した立法政策を忠実に執行する公的機関である。環境省官僚であった小島(1996)が、「法律により権限を与えられていなければ、行政機関はそれを行使

できない。法律による行政の原理である。当時は水俣病などの公害健康被害を想定した法律や条例はなかったため、裁判所では、当時制定されていた法律や条令に照らして審理が行われた」と指摘したように、裁判では行政の政策執行活動の責任が問われてきた。

　他方、小島が「司法の立場では、立法機関が適切な法律・条例を制定しなかったことは立法政策の問題として処理され、国家賠償責任が認められるとは考えにくいであろう。立法機関に対して立法の作為義務というものが考えにくいからである」と指摘するように、立法政策の不備は立法府の問題として司法の領域外に置かれる。社会課題に対する行政の立法（政治）活動も、国会・議会の承認を必要とすることから、その性格上、指導・監督権は立法府にあり、司法の所掌領域からは外されると考えられてきた。これが、行政の（執行活動に伴う）法的責任と（立法活動に伴う）政治的責任を峻別する論理である。

　一方、社会正義や法律秩序維持の見地から適当と認められる場合には、行政の持つ2つの責任の流動性を認めて、政治責任は法律上の行政責任に転嫁するものとする考え方もある（采女：2006）。今回の最高裁判決は、この論理を支持したものである。直截に言えば、与党が水俣病問題を本当に解決したいと思っていれば、チッソ水俣工場の排水を停止するために水質二法の改正、あるいは特別立法を国会に上程、成立させることは可能であった。しかし、政治家は関係者間の対立が激しい問題については行政が対応すべき課題という整理を行い、自らは注文をつける側に回る（当事者にはならない）ことが多い。政治が期待される機能を発揮せず、社会問題の放置が続くならば、あとは行政が対応する以外に市民が救済される道はない。これは、立法府の不作為に立ち入れない司法が、深刻な政治的紛争事案を解決するために考え出した論理とも言えよう。

　熊本県は社会正義の観点から行政の裁量権を濫用し、漁業調整規則の本来目的を踏み越えても被害拡大を阻止しなければならなかった。確かに、今振り返ってみればそうである。しかし、例えば私たちが当時の県漁業規則担当

者だったとしよう。漁業の乱獲防止を目的とする規則を、この規則の究極の目的は市民の生命を守るためにあると拡大解釈して水俣湾の漁業を禁止し、あるいは工場排水を止める決断ができただろうか。研究者の間でも意見が分かれ、判決ごとに異なる判断が示されている時期に、漁業者やチッソから職権乱用だとして損害賠償請求が提訴された場合、訴訟に勝つ自信を持てただろうか。おそらく、ほとんどの人はそこまで踏み切ることはできないであろう。

　最高裁判決は、その困難さを承知のうえで出されたものと受け取ることができる。つまり、現に数十年間放置されたままの被害者がいる以上、誰かが救済しなければならない。原因企業チッソに補償資力はなく、政治にも期待できないとすれば、後は行政が責任を持って対応する以外に被害者が救済される現実的な方法はないからである。事実、行政はこの判決を受けて被害拡大責任を認め、潜在的被害者の救済に向けて動き出した。

5　新救済策の展開

　最高裁判決以降、再び公健法の認定申請が急増、保健手帳の申請も申請受付の再開（2005 年 10 月）以降増え続け、2009 年 5 月末には、公健法の認定申請未処分件数が 6,452 件、保健手帳の申請件数も 25,372 件に達した。さらに、水俣病不知火患者会の損害賠償請求訴訟を始めとして国家賠償訴訟が 6 件提起されたほか、水俣病認定申請棄却処分取消等も提訴された。

　このような新たな被害救済を求める動きを受けて、2007 年 10 月に与党 PT（自民・公明両党の水俣病問題プロジェクトチーム）は、未救済の水俣病被害者を対象とした、一時金 150 万円、療養手当（月額 1 万円）、医療費の一律支給を柱とした「新救済策」を発表する。一方、チッソは同年 11 月、解決への展望が持てないとして新救済策の受入れ拒否を表明、他方で好調な同社の事業をすべて新会社に移し、現チッソには累積債務だけを残すという企業分社化の実現を求めた。その後、紆余曲折を経て 2009 年 3 月に水俣病特措法（水俣病被害者の救済及び水俣病問題の解決に関する特別措置法）案が国会上程された。同法案の

目的は、公健法に基づく判断基準を満たさないが救済を必要とする人々（未救済の水俣病被害者）を救済し水俣病問題の最終解決を図るとともに、これらに必要な事業者（チッソ）の経営形態の見直しに係る措置等を定めるものとされた。その後与野党協議が進められ、同法は同年7月8日成立、同月15日に公布、施行された。

認定患者への確実な補償や救済を受けるべき人々があたう限り救済されるために、①政府は水俣病被害者への救済措置の方針を定める、②政府・県・原因企業は、救済措置の実施など、解決に向けた取組を行う、③将来にわたる補償を確保するための原因企業の経営形態の見直し（企業分社化）、④地域振興健康増進事業・調査研究等の取り組みを行うこととされた。

なお、同法には、新救済策の具体的内容は書きこまれておらず、また係争中の案件への対応が残されていた。水俣病不知火患者会（2,123人：当時）との係争については、2010年3月29日に、同患者会と国・熊本県、チッソが、熊本地裁が提示した和解案（所見）を受け入れて基本合意に達した。

合意内容は、チッソは、1人当たり210万円の一時金、国・熊本県は毎月の療養手当と医療費の自己負担分を支給する。療養手当は、①入院による療養を受けた人は17,700円、②通院で70歳以上の人は15,900円、③通院で70歳未満の人は12,900円であり、支給の対象者については医師らで構成する第三者委員会が判定する。また、チッソは同患者会に対して、活動諸費用として29億5,000万円の団体加算金を支払うこととされた。

環境省は水俣病特措法に基づく新救済策の内容を和解案と同様とし、同年5月1日より新救済策の申請受付を開始した。①一時金、療養費、療養手当受給者（四肢末梢優位の感覚障害を有する者）と、②療養費受給者（①には該当しないが一定の感覚障害を有する者）に分かれており、水俣病被害者手帳が交付される。なお、1995年の救済策において発行された保健手帳所持者で療養費の給付のみを求める場合には、そのまま（診断や判定は行わず）水俣病被害者手帳への切り替えを行うこととされた。

申請受付の期限については、期限を設けないよう主張する被害者団体と期

限設定を了承する団体に別れたが、最終的には 2012 年 7 月末で締め切られることになった。新救済策への申請者数は、熊本県 4 万 2,961 人、鹿児島県 2 万 82 人の計 6 万 5,151 人に達した（このほか、新潟水俣病に関する申請者が 2,108 人：2012 年 7 月末）。

6　被害者と補償対象者

　図 1-2 は、司法、立法、行政によって半世紀以上をかけて積み重ねられてきた水俣病被害者の救済内容をまとめたものだが、未だに争点は残っている。

　環境被害において争点の 1 つとして残り続けるのが補償対象者の範囲、つまり補償を受けるべき被害者とは誰かという基本的な問題である。水俣病被害者は、今でもしばしば「水俣病患者」「認定患者」と呼ばれるが、これは、救済法、公健法で水俣病と認定を受けた被害者を、そう呼んでいたのが習慣化したためである。この患者認定と裁判による被害者認定が異なる、いわゆる「行政と司法の二重基準」の問題が長く争点の 1 つになってきた。

　図 1-3 は症状の程度と補償水準の関係を略記したものだが、公健法の認定基準を満たさず棄却された人々が、メチル水銀中毒被害者でないと判断されたわけではない。ほとんどの申請棄却者は、同法に定める補償給付を受け得るほど顕著な症状を呈していなかったか、因果関係が明らかでなかったことを意味する。例えば、労働者災害補償保険制度（労災）の適用を受けられなかった人々は、全く何の身体的被害も受けていないと判定されたわけではなく、公的制度に基づく様々な給付が受けられる程度に症状は重くないか、もしくは就労と症状との因果関係が明らかでないと判断されたのと同様の意味を持つものである。

　救済法や公健法は、被害者が受けた民事上の損害すべてを原因企業に代わって代替給付することを目的とした制度ではない。「裁判より簡素化された画一定型的要件で迅速に給付を行うもの」であり、したがって「被害者の特別事情に基づく損害を含めた全損害の賠償を原因者に対して求めるには、民事裁判等の民事上の手段による」ことを前提とし、「労働者の労働能力の喪

第 2 節　被害者救済と補償

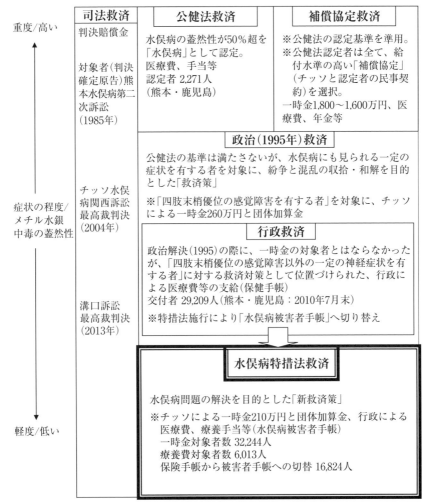

図1−2　水俣病被害者の救済区分（概要図）
出典：著者作成

失に対して保障しようとする労働者災害補償保険制度による保険給付に近い性格をもったもの」として制度化されたものである（環境庁企画調整局：1975）。一定以上の蓋然性（確からしさ）をもってメチル水銀中毒被害者と認められる

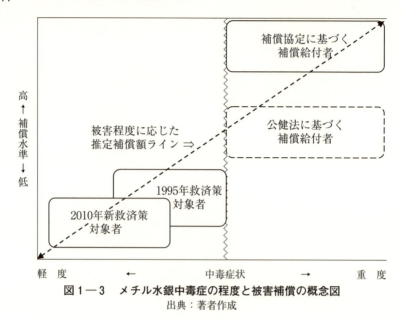

図1−3 メチル水銀中毒症の程度と被害補償の概念図
出典：著者作成

人々の中で、その症状のために通常の日常生活に一定以上の支障が生じていると認められる人々を認定する、社会的セーフティ・ネットとしての性格を持つ制度として誕生したのである。また、補償給付の水準も他の社会制度との均衡に配慮されたものであることから、民事協定であるチッソと認定患者間の補償協定の補償水準の約6割程度であった。

　問題が複雑化したもう1つの要因として、公健法の認定基準は同法の本来の趣旨とは関わりなく、チッソの補償協定と連動していることがあげられる。補償協定締結者は公健法の給付対象とならないが、この認定基準の持つ二重の機能については、大阪高裁判決、最高裁判決でも指摘されている。「すなわち、補償協定により、一旦、『水俣病』と認定されれば、Aランク1800万円、Bランク1700万円、Cランク1600万円の慰謝料と、各ランクに応じた所定の手当の支給を受ける者とされているところ、52年判断条件は、患者群のうち補償金額を受領するに適する症状のボーダーラインを定めたもの」として機能している。

メチル水銀中毒に起因する健康被害の程度は、0パーセントから100パーセントまで連続的に分布すると考えられる一方で、従来から問題とされてきたように、公健法及びその認定基準を準用する補償協定は、もともと障害が顕著な被害者を対象としたものである。一部の人たちが主張するように、現行の公健法による患者認定によってメチル水銀中毒被害者すべてを救済する、つまり重度から軽度まで多様な障害程度を持つすべてのメチル水銀中毒被害者を、現行の補償協定が定める3段階に区分することには無理があるし、社会的合意が得られるとも考えにくい。

補償内容に関して、公健法と補償協定では大きく異なっているわけであるから、(現実には相当の困難が伴うとしても) 双方が合意さえすれば、補償協定を全面的に見直し、細かくランク分けすることも可能であり、同法によってそれが妨げられるという性格のものではない。しかし、これまでの合意をご破算にすることは闘争をもう一度繰り返すことを意味し、最終的には司法でしか決着しないであろう。

行政が果たすべき社会的機能については様々な議論があるが、公費、すなわち市民から徴収した税によってある特定の対象者に給付を行う際の原則は、ナショナル・ミニマムが基本となる。公的給付制度は所得の再配分政策にほかならず、様々な原因によって障害を持つに至った市民への補償給付・福祉給付に関する諸制度等との均衡が求められることになる。

大阪高裁判決を支持した最高裁判決においても、民事上救済されるべき被害者の範囲を公健法の認定基準より緩やかに認定する一方、同法の認定基準を違法とはしなかった。その理由は、公健法は被害補償の迅速な履行を目的としているが、被害者すべての救済を目的とした制度ではないからである。大阪高裁判決は、「救済法や公健法の立法目的、その運用がメチル水銀罹患者を早期に広く救済しようとしているかどうかはともかくとして」と断りを入れたうえで、「46年事務次官通知あるいは52年判断条件 (複数の症状があること) は、端的に言って、救済法あるいは補償法における認定要件を設定したものと解すべき」であるとした。救済法や公健法が、どの程度早期に広く救済

しようとしているかといった政策目的の当・不当の問題は、立法府の判断領域に属するという理解である。

「そうすると、本件で問題となっている病像論は、52年判断条件（注：公健法の認定基準）とは別個に、被告チッソ水俣工場から排出されたメチル水銀中毒被害についての不法行為に基づく損害賠償請求事件である」とし、救済法や公健法の立法目的を達成するための手段としての認定要件ではなく、損害賠償を受けるべきメチル水銀中毒被害者とその賠償額を特定するための要件を問題としている。

そして、「水俣病」という言葉が「ややもすると『(注：救済法あるいは、公健法において）認定された水俣病患者』の意味で使用されるので、本件がメチル水銀中毒による被害についての不法行為に基づく損害賠償請求事件であることを意識してのことである」とし、「水俣病」ではなく、「メチル水銀中毒症」または「本件メチルに起因する症状」という言葉を使っている。

司法におけるメチル水銀中毒被害者の特定問題は、どの程度以上の身体的被害を受けた（もしくは、受けたと推定される）人々が、原因者からどの程度の損害賠償を受けるべきかという問題に帰着する。それは、医学的知見を考慮した上での社会的正義に基づく「司法上の割り切り」の問題である。

他方、公健法の認定基準については、以前から「厳格に過ぎる」との批判があることは確かである。しかし、同法の認定基準や給付水準は、同法の目的に加えて他の同様な性格を持つ公的給付制度との均衡（社会的公平性）や、給付対象や水準に関する社会的合意を前提として決められており、この意味において立法政策上の政治的割り切りの問題である。司法は、公健法上の認定基準には該当しないが民事上補償を受けるべき被害者を救済するために、公健法とは異なる認定基準を設定したのである。

もし、司法と行政の認定基準を区別しない判決が出されるとすれば、公健法では「水俣病がいかなる疾病であるかについては特段の規定を置いていない」ことに着目する場合であろう。「水俣病」としか規定していない以上、「水俣病とは、魚介類に蓄積されたメチル水銀を経口摂取することにより起こる

神経系疾患をいう」のであり、それは水俣病にかかっているか否かという事実認定の問題であるから、司法と行政で基準が異なるのは不合理という考え方である。

この考えに依拠したのが、2013年4月16日の水俣病認定棄却申請処分取消、水俣病認定義務付け請求訴訟の最高裁判決である。同最高裁判決は、「昭和52判断条件に定める症候の組合せが認められない四肢末端優位の感覚障害のみの水俣病が存在しないという科学的な実証はない」とし、複数の症状がなくても水俣病と認定し得るとした。

都道府県知事が行う認定審査も、水俣病のり患の有無という客観的事実よりも殊更に狭義に限定して解すべき的確な法的根拠は見当たらないとした。また、認定自体は確定した客観的事実を確認する行為であるから、行政の裁量に委ねられるべき性格のものではないとした。

一方で、何をもって水俣病と見なすかについては、「経験則に照らして個々の事案における諸般の事情と関係証拠を総合的に検討し、個々の具体的な症候と原因物質との間の個別的な因果関係の有無等を審理の対象として」「水俣病のり患の有無を個別具体的に判断すべきもの」としている。脳科学の知見によれば、「経験則に基づく総合的判断」とは「スキルに基づく直感」と同義である。言語機能のない脳の領域で行われる作業であり、結論だけが私たちの意識に送られる。思考過程の詳細は意識には伝達されない。判決において最も重要な事実認定に関する具体的判断基準が欠落しているのは、裁判官自身、結論に至るまでの過程を言葉で表すことができないからである。

新潟県・新潟市公害健康被害認定審査会の会長を務めた東京大学医学部附属病院教授の辻省次も、「症状が軽く、典型的な症候が揃っていない場合は、他のいろいろな疾患の症候と重なるところが少なくなく、そのような場合は判断が難しい」と述べているが、多くの審査会委員が同様の困難さを訴えている。現在の医学水準では、特定の症状が何に由来するかを客観的事実として確認することが困難であることから経験に基づく憶測が入らざるを得ず、恣意性を免れ得ないからである。

なお、同最高裁判決は、公健法に定める補償給付水準の適否には触れていないが、前述のように、現在の公健法の補償給付体系は、日常生活に一定以上の障害がある被害者を対象としたものである。したがって、公健法によってすべての被害者を救済しようとするならば、畠山 (2015) が指摘するように、現在の水俣病の実態に即して、補償給付体系を新たに構築する必要が生じることになる。

確かに、一時金 (260 万円：1995 年政治救済、210 万円：水俣病特措法) の画一的給付を批判することはできる。しかし、これまで積み上げられてきた救済制度をご破算にし、重度から軽度に至るまで症状に応じた段階的な、加えて実現可能な給付体系の再構築には相当の困難が伴うことになる。補償基準を何段階に分け、どのような判断基準で判別すればよいか、各々どのような給付内容が適当か、公健法以外の救済制度で救済を受けている被害者の取り扱いをどうするか、公健法の認定者を対象とした補償協定との整合性をどう図るか等々、水俣病か否かといった○×式の認定問題より、はるかに難解な判断が求められることになる。また、補償体系をいかに厳密に設計したとしても、「ボーダーライン前後で、結果的に恣意的判断とならざるを得ない (関西訴訟 2001 年大阪高裁判決)」ことは、司法に限らず、行政においても同様である。

なお、関西訴訟の最高裁判決 (2004 年) は行政の不作為 (やるべきことをやるべき時期に行わなかったこと) の責任を認定したが、日本の司法も裁判の迅速性の欠如という大きな問題を抱えている。被害者 (と信じている人たち) が、訴訟によって損害賠償を勝ち取るためには長年月を要し、生きている間に結審しないことも稀ではない。関西訴訟の最高裁判決が出たのも、提訴から 22 年後のことであった。裁判の遅延が、結果として水俣病問題の解決を遅らせ、複雑化させる方向に作用したことも否めない事実である。司法の使命が現世での紛争解決にあるとすれば、これも重大な不作為と見なす被害者はいるだろう。しかし、司法の不作為を問い、あるいは不作為による損害賠償を求める救済制度は、残念ながら存在しない。

第 2 章

原因企業救済の経緯

第 1 節　チッソ支援の変遷

　大規模な環境被害が発生すれば、原因企業だけでは対応が困難になる。市場経済のルールに基づけば、被害補償負担に耐えきれずに債務超過に陥り倒産する。その時点で原因企業は消滅し、あとには汚染された環境と被害者が残ることになる。もちろん、あとは行政が対応すればよいという考え方もある。私たちは何か不都合が起こると行政の責任にしがちだが、行政が対応するという社会的意味は、税金によって環境復元や被害補償を行うということであり、市民が原因企業に代わって費用負担することである。例えば、東京電力は公的な資金援助がなければ倒産する状況にある。市場経済に従えば東京電力は債務超過で倒産し、あとは増税か他の行政サービスを減らすかして、市民が東京電力の代わりに原因者責任を負えばよいことになるが、果たしてこれは妥当な社会的選択かという問題である。
　この問について、わが国は 1 つの答えを 40 年前に出している。それが水俣病原因企業チッソに対する公的支援である。政府は原因企業が安易に倒産し、代わりに市民がその責任を引き受ける（税金によって賄う）ことを適当とは考えなかった。この政策方針は現在も基本的には変わっていない。東京電力への公的支援は、実はチッソへの公的支援と同じ政策原則の延長線上に位置す

るものである。本章ではチッソへの公的支援を取り上げ、環境費用に関する政策原則や政策構造とその変遷を見ていくことにしたい。重層的でかなり複雑である。

1 環境費用の負担原則

わが国で、環境復元や被害補償に関かる基本的な政策原則とされてきたのが「汚染者負担の原則（PPP：polluter pays principle）」である。PPPは、1972年にOECD（国際経済協力開発機構）によって提唱された経済原則である。環境保全のための費用は、次の5つに大別される。

①汚染物質の排出を防ぐために公害防止施設の設置やその維持管理の費用（汚染防止費用）
②汚染された環境を元にもどすための環境復元費用
③被害者の救済に必要な被害者補償費用
④付近の汚染を避けて遠方にレジャーの場を求めるなどの場合に要する付加的な費用（汚染回避費用）
⑤監視取り締まり等に要する行政費用

OECDのPPPは、汚染防止費用に関する原則であり、環境復元費用や被害者補償費用に関する原則ではない。これは、経済における資源配分の適正化を図るには、事前に外部不経済を内部化する仕組みを整備すべきという発想からである。外部不経済から生じる貿易や投資の歪みを防ぎ、その費用は汚染者が負担すべきという考え方である。なお、この費用が最終的に消費者に転化されるか、合理化などの企業努力によって内部化されるかは問題とされない。

また、環境復元や被害者補償費用は、資源配分がなされた後の事後的な問題であることからPPPの本来の規制対象からは外され、民事で解決されるべき事項として整理されている。この原則は国際経済における各国企業の競争力に不当な影響を与えないことを重視した、環境保全費用の一部内部化に関する経済原則である。

なお、原因企業が環境復元や被害者補償費用を負担することは競争力の低下、特に貿易ではその原則を採用している国の企業が（その原則を採用していない国の企業に対して）比較劣位に立つことになる。したがって、このような費用負担を義務化はしないが、各国政府が自国企業の競争力の低下よりも環境保全を優先する政策方針を採用するのであれば、それは妨げないというものである。

一方、わが国の PPP は OECD が定める PPP とは異なり、予防的費用だけでなく、環境復元や被害者補償費用などの事後的費用も含める点に特徴がある。

日本型 PPP のもう 1 つの特徴は、市場経済への環境費用の内部化という経済原則にとどまらず、むしろ組織または個人の諸活動を規定する社会原則としての性格を持っていることである。環境白書 (1975) では、「健康及び生活環境を阻害する物質を発生した者が、その結果について当然責任を負うべきであるとの社会倫理的通念に基づく面が強いといえよう」としたうえで、OECD の PPP と日本型 PPP との相違が典型的に現れているのが、負担の対象となる費用の範囲だと述べている。

中公審（中央公害審議会）の費用負担部会答申「公害に関する費用負担の今後のあり方について (1976)」でも、わが国では環境復元費用や被害者補償費用についても汚染者負担の考え方が、社会通念として取り入れられていることを認め、水俣病を始めとする深刻な公害問題の経験と反省にその理由を求めている。また、この答申では費用を負担すべき汚染者として、汚染物質を第 1 次的に排出している直接的汚染者（生産活動の場合は生産者、輸送活動の場合は輸送者等）をあげたうえで、そのほかに「汚染物質の発生に係る財やサービスを提供あるいは消費し、間接的に汚染の発生に関与しているいわば間接汚染者にその費用を負担させることも可能である」とし、費用負担者の範囲を広く厳しく認めるものとなっている。これは、環境保全に要する費用についても、企業活動に伴う一般的な費用と同様に生産、流通、消費という経済連鎖の過程において、各経済主体に波及していくものであることから、経済連鎖に着

目して環境保全に要する費用負担者を広くとらえる考え方である。

また、「被害の原因となった汚染者が明確には特定できない場合には、因果関係等について制度的な割り切りを導入して汚染原因者の範囲を確定する必要も生じるが、この場合には、このような割り切りを行うについての社会的合意があらかじめ十分に得られておく必要がある」とし、環境保全費用の社会的分配を行う際の社会的合意の必要性を指摘している。

世界でも最も早くかつ広い範囲を法的に定めた日本型 PPP の優れたところは、経済システムという視野の中で環境問題をとらえるのではなく、より広い人間社会システムの中でとらえて、経済規範と社会規範の両面から望ましい政策原則のあり方を提案している点にある。

事後に生じた環境費用を市場経済においてその処理を図ろうとする限り、潜在的あるいは間接的原因者、例えば融資した金融機関や汚染という副産物を伴って生成された財・サービスの受益者が、関与の程度に応じて費用負担を行わなければならないという考え方は、近年では国際的な潮流となり欧米各国でも制度化されるようになっている。

一方で、日本型 PPP で問題となるのが、水俣病や福島第一原発事故のように原因者の費用負担が困難な場合である。もし日本型 PPP を貫こうとすれば、結果として原因企業を倒産させない政策対応が必要になる。40 年前に国が出した結論は、被害補償という外部不経済の徹底した内部化、すなわち何年かかっても原因企業に補償金支払いという形での償いを貫徹させるというものであった。しかし、被害補償の完遂を原因企業に課した結果、例えば景気の低迷や経営戦略の失敗などで多額の負債を抱えた企業とチッソの場合では、その取り扱いが著しく異なることになった。つまり、大規模な環境被害を起こした原因企業ほど倒産しないという、奇妙な現象を生み出すことになったのである。

2 閣議了解「水俣病対策について」

国は、1978 年 6 月 20 日閣議了解「水俣病対策について」においてチッソ支

援を決定したが、内閣がその意思を決定する際に用いられる言葉が「閣議了解」や「閣議決定」である。いずれも法令上の定めはないが、内閣としての意思決定の効力に変わりはない。重要な事案で内閣全体の意思を統一して決定する必要があるもの（例えば、予算案や法律、政令案など）は閣議決定という形が取られ、本来は所管大臣の決裁で足りるが、事案の重要性や関係省庁との関わりなどの理由により、他の閣僚の了解を得ておくことが望ましいものは閣議了解という形が慣例として取られている。なお、このほかにも閣僚全員ではなくその事案に関係する閣僚が集まって各省庁の意思統一を図る「関係閣僚申し合わせ」という形が取られる場合もある。水俣病対策もその時々によって、この3つの決定方式が使い分けされている。

　日本型PPPはチッソ支援の政策原則だったが、原因者の支払い能力を超える被害補償が生じた場合に必ず国が何らかの支援を行ってきたというわけではなかった。宮本（1987）が、「この支援措置は水俣病患者の救済という大義名分によってなされているが、おそらく、日本資本主義史上例が少ないといってよいほど、手厚い企業優遇措置である。一企業の救援、それも『犯罪』をおかした企業の救済に国と県が援助するというのは、おそらく、はじめてのケースであろう」と指摘したように、チッソ支援は例外とも言えるものであった。国はチッソへの公的支援をどのような政策目的を達成するための手段として位置づけていたであろうか。

　閣議了解「水俣病対策について」の冒頭において、チッソへの金融支援措置を次のように位置づけている。

　「チッソ株式会社の現況に鑑み、水俣病患者に対する補償金の支払は原因者たる同社の負担において行うべきであるという原因者負担の原則を堅持しつつ、次の内容の金融支援措置により、同社の経営基盤の維持・強化を通じて患者に対する補償金支払に支障が生じないよう配慮するとともに、併せて地域経済・社会の安定に資するものとする。」

　行政特有の言い回しが使われているが、まず患者補償についての責任はあくまでチッソにあるという前提に立ち、かつPPPを堅持する条件のもとで

「チッソによる患者補償の完遂」と「地域の経済・社会の安定」という2つの課題に対応するために行うという位置づけである。つまり、「患者の救済」と「地域社会の救済」という目的を達成するための手段が「チッソの救済・存続」であり、その手段を実現化するための具体的政策がチッソへの金融支援措置とされている。この考え方は以後一貫して維持される基本的な政策方針となった。環境被害者と被害地域を救済するために、原因企業を救済するという特異な政策の誕生である。

また、日本全体に関わる問題ではなく地域レベルの問題という位置づけをすることによって、地方自治体も責任を共有する形が取られている。地域経済・社会の安定という政策課題は、本来的には地方自治体が対応すべきものである。地方自治体の弱い財政力では対応が困難な場合などに、国がその必要性に応じて補助金などの措置を取るのがわが国の仕組みである。地域経済・社会の安定が政策目的に含まれたことから、チッソ支援は「特定地域の問題（ローカル・イシュー）」という側面を強く持つことになった。

例えば、被害者団体との和解の際の一時金について「水俣・芦北地域の再生に不可欠である」という理由で熊本県にも財政負担を求めたように、国は熊本県に対して様々な場面で人的、財政負担を求めている（熊本県：2001）。

しかし、ローカル・イシュー化が地元から強い反発を受けることも、自然の成り行きである。熊本県議会はチッソ支援を地域振興の問題にすり替えるものだとして非難したが、地元からすれば水俣病対策の結果として副次的にもたらされるのが地域経済・社会の安定なのであり、水俣病問題を地域社会の問題としてとらえようとする国の姿勢は、深刻な環境被害に対する適切な対応とは思われなかったのである。

特に、国が直接支援しない県債方式は水俣病問題に対する国の巧みな責任回避の表れとされ、熊本県の行政負担で県債を発行させ、国は「責任逃れ」では地元としてはたまったものではないとマスコミは批判した。地元では患者及び認定申請者の抗議と非難が渦巻き、地方自治体（熊本県等）が認定業務という困難を伴う機関委任事務に忙殺されていた当時の状況からすれば、地

元関係者の心情を投影していたと言えよう。

しかし、熊本県は国も認定業務を行う特別立法の検討との抱き合わせで県債方式によるチッソ支援が打ち出されたことから、国による患者認定業務の早期実現を図るために、万一県債の償還財源の確保が困難となった（チッソに不測の事態が生じた）場合には国が「所要の措置を講じる」ことを確認したうえで、最終的には県債発行を了承したのである。

3　チッソ支援の政策構造

一企業に対して公的支援が必要だとしても、直接支援はしないというのが政府の伝統的立場である。東京電力への公的支援も原子力損害賠償支援機構が間に入っているが、公的団体・機関を介在させる間接支援の形が取られることが通例である。チッソ支援の場合には、国が熊本県を経由して資金をチッソに貸し付けるというものであり、のちに国から県、県から財団を経由してチッソに資金供給する2段階方式も採用された。

一方、地元では「腹を貸しているだけ」と受け止められてきた。水俣病対策は国が対応すべき問題だから閣議了解事項となったのであり、国が行う対策に地元自治体も協力するという理解である。しかし、その理解は必ずしも正確とは言えなかった。閣議了解（1978年6月20日）を見る限り、国が行うチッソへの金融支援とは、①関係金融機関に対し、これまで行ってきた金融支援の継続と熊本県債の一部（4割）を引き受けるよう「要請する」こと、②県債の残り6割を資金運用部で「引き受ける」こと、である。つまり、チッソへの金融支援の主体は、これまで金融支援を行ってきた「関係金融機関」と県債方式によって新たに金融支援を開始する「熊本県」であって国ではない。以後、国は制度解釈の変更や一般財源からの資金投入など、段階的にチッソ支援に踏み込むことになるが、関係金融機関と熊本県の協力を前提としたチッソ支援方式は一貫して堅持されることになった。

地元から見れば県債方式はありがた迷惑な代替策であり、緊急避難措置としてこれを受け入れたにすぎないという認識が支配的であった（福島：1997）。

注意すべきことは、課題に対する政策方針がいったん決定されると、社会状況に大きな変化がない限り、その後もその方針が維持される（その方針を変える理由がない）ことである。東日本大震災への対応にもすでにその傾向が見られるが、初期対応が当面の措置であってもその措置が引き継がれ、いつまでも抜本的対策が講じられないことが少なくない。チッソ支援の場合も、緊急避難的措置として4年間に限って発行される予定だった患者県債は恒常化し、以後3年ごとに訪れる見直しに合わせて国と県の間で激しい攻防が繰り返されることになった。

4 被害補償金支払い支援

チッソ支援の政策的変遷を一言で言えば、政策変更と新たな政策が徐々に追加される漸変・漸加主義であるが、政策目的、手法やその効果の観点から、4期に区分することができる。

第1期（1978年度から1993年度まで）の16年間は、急増する患者補償金支払に支障が生じないよう、緊急避難的に県債方式による熊本県からチッソへの貸付が開始され、その方式が継続した時期であり、支援の主な目的がチッソの「患者補償の完遂」のための不足資金の供給にあった時期である。この時期に、国はチッソ支援に関して3つの政策対応を行っている。

まず、1978年度から始まった患者県債方式による貸付である。これは、患者補償金支払を確保するための必要最低限の措置であった。第2に1982年度に取られた県債発行額にかかる算式の変更であり、これは経営基盤の強化に対する限定的な措置を意味するものである。第3はいわゆる臨時金融特別支援と呼ばれる約106億円の緊急融資であり、これによって1978年度以降に支払われた患者補償金と同額が患者県債方式によって、熊本県からチッソに貸し付けられることになった。以下、政策の構造とその効果を見ていきたい。

熊本県が県債発行によって調達した資金をチッソに貸し付ける、患者（チッソ）県債と呼ばれる方式のスキームは、図2-1のとおりである。まず、関係省

第1節　チッソ支援の変遷　57

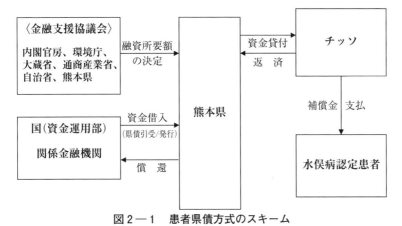

図2—1　患者県債方式のスキーム

(注)　資金不足額
　　　＝補償金支払総額−(金利棚上額13億円＋経常利益−公的融資元利支払額)
　　　ただし、括弧内がマイナスの場合は零とする。
出典：熊本県環境生活部環境政策課（2001）に基づき著者作成

庁と熊本県を構成員とする金融支援協議会（チッソ株式会社に対する金融支援措置に関する協議会）で、チッソの経営状況を見たうえで融資額について協議する。熊本県知事は、同協議会で決まった融資額に基づいて県債発行とチッソへの貸付予算を熊本県議会に上程し、県議会は内容審議のうえ可決するという流れである。発行した県債の償還期限は30年（うち5年据置、元利均等半年賦償還）、チッソへの貸付金利は県債発行時の政府資金利率とされ、患者県債の発行期間は1981年度までの4年間とされた。

　熊本県からの融資は、チッソが経営基盤の維持・強化によって公的融資の返済を滞りなくできるだけの利益をあげ、その上で補償金支払に支障が生じないようにするために、補償支払金が不足する場合には必要額を融資することを目的としたものである。図2-1の注書きは、経常利益と金利棚上額（金融機関が返済猶予を認めている13億円）の合計が公的融資元利支払額を下回る、つまり公的債務の返済が困難になるような事態はあってはならないのであり、仮にそのような事態になっても国・熊本県そして関係金融機関は面倒をみな

いという意味である。これは、チッソの経営再建の確実な履行を前提としている。したがって、仮に公的融資元利支払額が金利棚上額と経常利益の合計を超えても、その差額は融資されないし、経常利益がマイナスであっても零として計算される。チッソにとって厳しい制約を課した、補償金支払に支障をきたさない最小限度の支援を行うための特例措置という位置づけである。

チッソは多額の経常利益を計上しない限り内部留保に回す資金確保はできず、経常赤字の場合には、その穴埋めを別の手段で行わなければならなかった。患者補償がどこまで膨れあがるか先が見えない時期における、チッソの補償金支払が滞らないことを最優先した、文字どおり緊急避難的、応急的措置だったのである。しかし、経営悪化の直接要因である補償金支払は年々増加する一方で、関係金融機関の債務は圧縮されないままであり、結果として債務は累増の一途をたどった。

現実の貸付残高は1980年度に100億円を超えると、1992年度には500億円、抜本策の策定前年（1999年）には800億円を超えるまでに増え続ける。一方で、研究開発や設備更新のための十分な資金がなければ、補償金支払と公的債務返済を賄い得る利益を確保することは困難である。患者補償金の一部が融資によって手当されるだけでは問題は解決しない状況になっていた。

チッソの経営状況は、バブル経済の崩壊に伴い不況が鮮明になった1992年度に一変する。当年度には経常利益が前年度75％減の約15億円にまで落ち込み、公的債務の返済が経営を圧迫、再び不測の事態が予想される状況になったのである。チッソの資金繰りの緩和を図るため、国は1993年8月31日の水俣病に関する関係閣僚会議申合せにおいて、臨時特別金融支援措置を決定する。これは、補償金支払総額と患者県債発行総額との差額分の約105億9千万円を熊本県が県債発行により資金を調達し、チッソに貸し付けるというものであった。この措置により1978年度以降に患者に支払われた補償金は、すべて県債方式による熊本県からの融資によって賄われる形となった。

この特別措置は、患者補償金の不足を補うために発行するという患者県債の大義名分を、一気に使い果たす形となった。これ以降の追加的支援措置は、

表2―1　チッソの決算の推移（1979年度～1993年度）

(単位：百万円)

年　度	1979	1980	1981	1982	1983	1984	1985	1986
売上高	122,466	119,253	118,232	118,225	125,996	131,387	130,000	114,412
経常利益	175	16	31	41	517	1,778	2,718	4,352
当期損益	△6,360	△6,281	△8,483	△8,583	△8,452	△7859	△8,019	△6,797
未処理損失	△50,246	△56,257	△65,010	△73,593	△82,045	△89,904	△97,923	△104,720
（補償金支払額）	5,928	49,84	4,532	4,632	4,962	4,779	4,853	4,797
年　度	1987	1988	1989	1990	1991	1992	1993	
売上高	123,138	133,028	138,617	159,228	161,007	146,666	136,588	
経常利益	6,513	8,828	7,277	5,625	6,252	1,532	1,753	
当期損益	△5,716	△2,237	△3,823	△5,470	△4,493	△9,461	△10,828	
未処理損失	△110,436	△112,673	△116,496	△121,966	△126,459	△135,921	△146,749	
（補償金支払額）	4,195	4,066	3,439	3,322	3,486	3,140	3,143	

出典：熊本県環境生活部環境政策課（2006）

患者補償以外の名目を必要とすることになったという意味で、補償金の不足分を支援するという政策方針は15年後に完全に行き詰まることになった。

5　経営基盤強化支援

　第2期は、補償金支払の前提となるチッソの「経営基盤の強化」への本格的支援が喫緊の政策目的となり、国がチッソ支援に対して実質的に踏み込んでいく時期である。この6年間に国は多様な政策手法を取っている。

　バブル経済崩壊以降、年間の補償金支払額と公的債務返済額は、チッソの経常利益を大きく上回るようになっていた。1993年度の補償金支払額と公的債務返済額の合計が約78億6千万円だが、チッソの経常利益は17億5千万円に過ぎず、チッソはまさに倒産回避のための自転車操業的な資金繰りを行っていた。このような状況の中で、早くも1994年9月期のチッソからの公的債務返済が困難となった。国は当面のチッソの危機を打開するため、1994年9月13日の閣議了解等で次のような新たな対策を決定する。

　(1) 未償還金のうち当時の財政投融資金利を超えるもの（約626億円）を一括償還、借り換えることにより、金利負担の低減等を図る。

(2) チッソの経営強化の観点から「設備投資資金」を融資する。
　　①発行限度総額100億円、1994年から5年間。
　　②熊本県が水俣・芦北地域の振興に係る事業を実施するための基金（地域振興基金）を国の補助を受けて設立。
　　③その基金を通じてチッソに設備投資資金を融資。融資に必要な原資は、県債（いわゆる設備県債）で調達する。

　補償金支払補填という名目での追加支援が困難となった国は、これ以降、地域振興という名目で新たなチッソ支援策を模索していくことになる。
　「公的債務の低利借換」とは、過去の高い金利の借入金を一括繰り上げ返済して同額を当時の低い金利で借り直すという政策手法である。また、「設備投資資金貸付」は経営基盤強化を目的としたものだが、金額的には不十分であり倒産を防ぐレベルを超える効果をもたらすものではなかった。さらに、3年後には借り換えた患者県債貸付だけでなく、設備県債貸付についても返済を始めなければならない状況になった。
　チッソにとって苦境が続く中で、1995年は水俣病問題にとって1つの大きな転機が訪れる。大量訴訟という紛争状態の解決のために、村山内閣によって未救済者を対象とした政治解決が図られたのである。このため、チッソは患者団体に一時金（解決一時金、団体加算金）を支払うこととなったが、もちろんそれを支払う体力はチッソにはない。熊本県が新たに設立する解決支援財団（財団法人水俣病問題解決支援財団）を経由して、チッソが必要とする資金を貸し付ける「一時金支払貸付金」方式を決定する。ここで初めて一般会計資金が投入されることになった。解決支援財団からは総額約317億円の貸付がチッソに対して行われた。
　解決支援財団は、チッソへの一時金貸付と併せて疲弊した水俣・芦北地域の再生・振興事業を行うこととされた。具体的には、地元交流施設である「もやい直しセンター」建設費として20億4,000万円（建設費総額の3/4）を出資し、基本財産の運用益で同センター運営費の助成が行われることになった。もやい直し事業への補助は、環境再生や被害補償費用ではなく、地域共同体

の絆（社会的関係の崩壊）の修復費用としての意味合いを持つものである。特に、これまで被害者への補償が中心的問題であったが、地域社会における集団的精神被害を対象としている点が重要である。この費用はチッソではなく、国、熊本県、地元関係市町によって支出されている。すなわち、原因企業ではなく行政が対応すべき政策課題として位置づけられたのである。

しかし、翌1996年には再び国は新たな対応を迫られることになった。すでにチッソの公的債務残高は1,000億円を超えており、チッソの公的債務返済額は、同社の経常利益を大きく上回り、1997年度からは患者県債貸付と設備県債貸付の元金返済も始まることから、同社の経営状況が立ち行かなくなる（返済が困難になる）ことが確実視される状況にあった。これに対して、国は次のような措置を取ることを発表する。その内容は次のとおりである。

(1) 1994年と同様に一括繰上返済、借換による金利負担の軽減等を行う。
(2) 環境配慮型の先端技術研究開発補助（3年間計15億円）という形でチッソを支援する。
　①水俣・芦北地域の振興を目的とした基金（研究開発支援基金）を、熊本県が新たに設立する。
　②チッソ等地元企業と同基金は、共同で当該先端技術開発を行う新会社を水俣市に設立する。
　③同基金は、新会社の研究開発についての事業費補助を行う。
　④国は、同基金の原資及び事業費補助に要する3分の2を補助する。
(3) 患者県債の発行を今後3年間延長する。

1997年7月4日の閣議了解等により、新たなチッソ支援策と水俣・芦北地域の振興を図るための措置等が決定され、2度目の患者県債の算式変更と公的債務の低利借換を行うとともに、事実上のチッソ子会社が行う環境技術研究開発に対する補助を熊本県が設立する3つ目の財団である研究開発支援基金（財団法人水俣・芦北環境技術研究開発支援基金）を経由して行うこととされた。

これらの政策手法は、設備投資や技術開発支援などチッソの経営支援に直接踏み込むものであったにもかかわらず、緊急避難的、当面の措置、必要最

小限の支援という基本姿勢は変わっておらず、その効果も当座の資金不足の補填程度にとどまっていた。1994、1997年度いずれの場合も、新たな支援措置が決定された時点で3年後にはその政策が破綻することが予想されるものであった。

　被害補償はチッソ単独では担いきれない額であり、そのチッソが当面存続するための有利子融資は、チッソの経営をさらに圧迫するというジレンマを当初より内包していた。当面の措置の積み重ねではチッソの経営を立て直すことができないという、閉塞状態に陥っていたのである。患者県債方式によるチッソ支援が開始されて12年後の1989年には患者補償支払額より公的債務返済額が上回り、以後は、患者補償金支払金だけでなく、公的債務返済の完遂をどのように確保するかが、大きな問題として浮上することになった。

6　公的債務返済支援

　いわゆる抜本的金融支援措置は、状況が切迫した1999年の6月9日の関係閣僚会議で政府案が決定され、熊本県に示された。その概要は次のとおりである。

(1) 熊本県はチッソが経常利益から患者補償金を支払った後、可能な範囲内で県への貸付金返済を行えるよう、各年度、所要の支払猶予等を行う（「ある時払い」方式の採用）。

(2) 県がチッソに貸し付けた一時金貸付金のうち、国庫補助金相当額85％（約270億円）についての返済を免除する。

(3) 金融機関の債務のうち、利子分約350億円の返済免除、及び残存債務の無利子化

(4) （財）水俣・芦北地域振興財団（基金原資80億円）は、チッソの経営悪化時に緊急融資を行うセーフティ・ネット機能を担う。

　抜本的金融支援策措置は、これまでの支援措置とはその性格を大きく異にしている。第1に「患者補償の完遂」支援から「公的債務の返済完遂」支援への移行である。チッソに対する支援措置は、患者補償とは切り離されて、

確定した公的債務のみを直接の政策対象とすることになった。患者補償はすべてチッソに任せ、国は直接的な政策対象としないということである。当時は特に論点とはならなかったが、政策的には大きな意味を持っている。

政策目的の転換は閣議了解においてもよく表れている。これまでのチッソへの金融支援措置は、閣議了解等において「水俣病対策」の一部として位置づけられていた。しかし、今回の措置は、「チッソ株式会社に対する支援措置」として、水俣病対策とは切り離されている。したがって、常套句とされてきた「水俣病患者に対する補償金の支払い」「原因者たるチッソ株式会社の負担において行うべきであるとの原則を堅持」「患者に対する補償金の支払に支障を生じないよう配慮する」「併せて地域経済・社会の安定に資する」といった言葉はすべて姿を消している。チッソの公的債務償還支援だけを直接の政策目的とする以上、それらは不要だからである。チッソ支援は20余年の時を経て、公的債務返済のための支援措置に政策の性格を変えることになった。

第2に政策目的の変更に伴いPPPの制約からも解放され、政策手法の自由度が増し、その内容が質的にも大きく変わったということである。チッソへの支援措置は、それが大胆な企業優遇措置であったとしても、公的債務返済の完遂に資する限り正当性を持つことになった。

この措置によって、チッソは残る1,600億円を超える公的債務を、当時の予想では100年あまりかけて返済していくこととなった。

7 企業分社化

水俣病の被害補償を確保するためのチッソ支援は、抜本的支援策によって一応の決着がついたと思われていたが、より抜本的なチッソ救済策が盛り込まれた水俣病特措法が2009年に成立、施行された。被害補償等により多額の累積を抱えるチッソに対し、分社化によって事業を活性化、収益力を高め、累積債務の履行を円滑に完遂させるというものである。これは特殊な企業救済のやり方であり、市場経済のルールから見れば禁じ手の範疇に入るが、経営難の企業にとっては画期的な負債解消法である。したがって、同法ではあ

第2章　原因企業救済の経緯

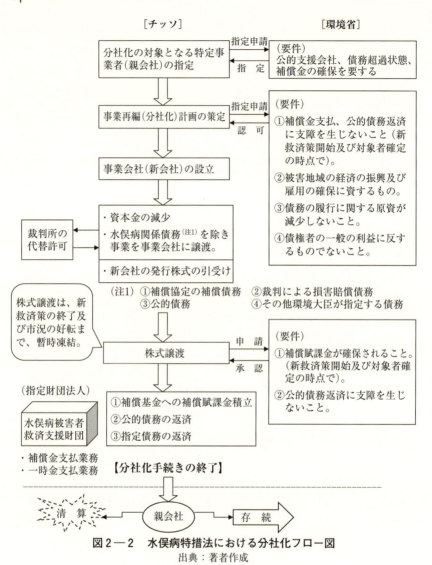

図2－2　水俣病特措法における分社化フロー図
出典：著者作成

くまでも水俣病被害者の救済と水俣病問題の最終解決を図るという社会問題を解決するために必要な措置として位置づけられている。分社化の流れは図2-2のとおりである。

まず同法の対象となる企業（チッソ）を国が指定、チッソは分社化に関する事業再編計画を作る。国から事業再編計画の認可を受けたうえで、チッソは事業会社（現JNC）を設立する。その後、チッソ（親会社）は裁判所の代替許可を得て資本金をゼロにする（減資する）とともに、水俣病関係債務を除いて事業や事業関係の資産、債務をすべて事業会社に譲渡し、その見返りに事業会社の発行株式を取得する。

この時点で、親会社は事業活動を行わない、補償金支払いと水俣病関係債務を返済するだけの会社となる。これらに必要な資金は、事業会社から株式の配当金という形で親会社に供給される。一方、事業会社は水俣病関係債務がない優良企業となる。金融機関からの長期資金の借入れも可能となり、自由な企業戦略が実行できることになる。

水俣病特措法の分社化は、チッソを水俣病の債務から解放するという点から言えば、よく考えられた手法である。例えば、分社化に必要な事業の譲渡や資本の減少を行うには株主総会の特別決議が必要だが、それらを裁判所の代替許可を得て行う手法が採用されている。また、新救済策に伴うチッソの一時金支払や将来の補償金支払は一般財団法人に業務委託する形とされており、親会社も事業会社も水俣病関係業務から解放されるよう工夫されている。

被害者団体や研究者から最も批判が強かったのは、水俣病の原因者責任が消滅する道が開かれている点にあった。それは、民法424条に規定する詐害（さがい）行為取消権の適用除外規定である。詐害行為取消権とは、債務者が債権者の権利を害することを認識していながらその行為を行った場合に、債権者がその行為を取り消して財産を返還させ、責任財産を保全する権利のことである。つまり、親会社が事業会社に資産や事業を譲渡しても、補償協定に基づく補償金受給者などの債権者が親会社に資産等を戻すよう事業会社に請求できないように、適用除外規定が設けられているのである。これは円滑な分社化の実現を図る措置とされている。

最大の問題は、事業会社には水俣病の原因企業責任が移行せず、親会社に残ることである。親会社は事業を行わない負債だけの会社であるから、負債

の処理が終わった段階で、新たに事業を開始しない限り清算されることになる。自民党から示された要綱素案（骨子）の説明資料にも、清算という言葉が明記されていた。清算された時点で水俣病の原因企業は消滅し、被害者だけの世界になる。

　同法の目的は、あたう限り（可能な限り）の被害者を救済し、水俣病問題の最終解決を図ることにある。その目的が達成される、すなわち同法に基づき原因企業がその責任を全うすれば原因者責任は果たされ消えてしまうので、仮にその後に原因企業が清算・消滅したとしても何の問題もないという考え方である。

　しかし、現実には被害者の実態が不明であるため、被害者をすべて救済したとは言い切れないという問題が残ることになる。一部の被害者団体や研究者が潜在化している被害者の存在を指摘し、対象地域の見直しや新救済策の申請期限撤廃を求めたのは、このような事情によるものである。

　しかし、同法は原因者責任の消滅を強制しているわけではない。原因者責任を残す方策としては、例えば次のようなやり方が考えられる。
　(1) 親会社が新規事業を開始し、存続する。
　(2) 親会社が事業会社と再合併、または他社と合併する。
　(3) 事業会社が原因者責任を継承する。

　水俣病特措法成立時に比べて株式市場の平均株価は上昇しているが、株式売却はそう容易なことではない。親会社も当分は存続することになるが、原因者責任の取り扱いは今後の課題として残されている。

第2節　日本の統治構造と水俣病

　本節の主役は、環境被害者の認定業務を国に代わって行い、原因企業を40年余り支援し続けてきた地方自治体である。福島第一原発事故被害への対応も、すでに多くの事務が地方自治体におろされているが、例えば放射線被ばくの認定や東京電力への金融支援を地方自治体が担うという話である。な

ぜ地方自治体が国の代行をし、あるいは原因企業を支援しなければならなかったのか、その実態を見ていくことにしたい。福島県の地方自治体関係者からすれば、除染や汚染がれき処理問題と熊本県の水俣病認定業務やチッソ支援問題は二重写しに見えるはずである。それは、深刻な環境被害を受けた地方自治体が等しく歩む、長く険しい霞が関や永田町との交渉の道のりだからである。

1　認定業務とチッソ支援

　公害健康被害補償の中核的制度は公健法だが、同法に規定されている補償給付対象者の認定は機関委任事務として、2000年の地方分権一括推進法施行以後は法定受託事務として都道府県知事の事務とされてきたものである。

　1973年3月の熊本地裁での原告勝訴判決を契機として同法に基づく認定申請が急増するが、認定検診や診断能力の限界から申請から処分決定まで長期間を要し、1974年には未処分者が2,000人を超え、その後も増え続けた。このような状況の中で、1974年には熊本県が長期間にわたって処分を保留していることに対し、「不作為違法確認訴訟（いわゆる「待たせ賃訴訟」）」が起こされ、1976年12月に熊本地裁において「認定業務の遅れは違法」とする判決が出された。

　しかし、水俣病に関する医学的判断が困難なことや検診・審査を担当する専門医の確保が難しいこと、未処分者が26都府県にも及んでいたことなどの理由から、認定審査は思うように進まず、チッソ支援が開始される前年の1977年度の未処理件数は4,731件にのぼり、認定業務の促進が県政の大きな懸案となっていた。このため、熊本県は県だけでの対応には限界があるとして、国に対して認定業務を国において直接処理するなどの制度の抜本的改正と、当面の対策として審査・認定基準の明確化や常駐検診医の派遣、認定申請者治療研究事業の強化、県財政への援助措置などの抜本的対策を講じるよう繰り返し要望を行っていた。

　熊本県は急増する認定申請者に対応しきれず、1977年2月には衆参両院の

公害対策・環境保全特別委員長及び環境庁長官に対して、認定業務は今や国において直接処理する以外に道はないことを強く要望した。県知事室が患者団体によって封鎖され、県庁廊下には死亡した患者の遺影が飾られ線香がたかれるなど、水俣病被害者の憎悪の対象とされていた熊本県の状況がその背景にはあった。困難な認定業務と増え続ける認定申請をどう解決するかが、熊本県政の深刻な課題となっていたのである。

　認定業務の遅れが水俣病問題の大きな争点となる中で、チッソの経営危機は表面化する。熊本県や水俣市は国による金融支援を強く求めていたが、直接金融支援を行うことはできないとして、熊本県が県債を発行して調達した資金をチッソに貸し付けるという金融支援策が国から提示されたのである。

　確かにチッソ県債方式は苦心の作ではあったが、この案に対する地元熊本県側の評価は散々なものであった。それは、認定業務と同様に熊本県を事業主体とするやり方に対する強い抵抗からである。患者認定問題と同様に苦境に立たされる可能性を持つ県債方式によるチッソ支援を熊本県が受け入れた最大の理由は、当時、県政の最重要課題となっていた認定業務の促進に関し、国も当該業務を行うことと抱き合わせの提案だったためである。

　チッソ支援と特別立法の双方に関与した福島譲二衆議院議員（当時：後の熊本県知事）によれば、国が直接認定業務を行う立法措置の実態は、国が患者認定に関する熊本県の要望に応える条件として、国が提示した県債方式のチッソ支援を県に承諾、実施させることが意図されたものであった。

　熊本県は、県政最大の懸案であった患者認定の促進について、国による患者認定業務の早期実現が決め手になるとの考えから、交換条件としての県債方式によるチッソ支援を最終的には了承する。その後も熊本県の国への強い要望活動は続けられ、1978年6月20日の閣議において、チッソへの金融支援措置と併せて国でも認定業務を行うための立法措置が円滑に進められるよう所要の準備を行うことが了解され、同年10月20日、認定臨時措置法が可決成立し、翌年2月14日に施行された。

　しかし、同法には期待されたほどの効果はなく、熊本県の未処分者は1973

年に2,000人を超え、5年後の1978年（チッソ支援が開始された当時）には5,000人を突破し、以後10年間は常時4,000人超で推移することになった。

その間、県には誠意が見られない、疫学を無視しているとして1980年9月には「検診拒否運動」が起こり、認定のための検診業務が大幅に遅れる事態も生じている。この10年間が熊本県にとって最も対応に苦慮した時期であった。未処分者が1,000人台まで減少したのは実に20年後であり、チッソ支援の分水嶺となった1993年度のことであった。この間、認定業務の推進とチッソ支援は県政の最重要課題として位置づけられ続けることになった。

2 地方自治体の行動選択と到達点

(1) 熊本県の行動原則

公健法の認定業務について、熊本県は国の忠実な出先機関として被害者との交渉の前面に立ち続けてきたが、チッソ支援問題についてはほぼ3年ごとの節目を山場として国と対峙し続けてきた。その交渉の中で、熊本県はチッソ支援という特定課題にかかる国との関係を変化させる努力を重ねている。日本では、国は地方自治体が必要とする資源の所有・配分・使用法を制限することによって実質的な政策決定権を確保しながら、実施については地方に戦略的に依存してきた。一方で、地方自治体は不足する資源（特に財源）を国に依存してきた。国と熊本県の関係においても、途方もない要求を国がしない限り県は受け入れてきた。チッソ支援における熊本県の対応を見ても、支援措置が数年で破綻すると予想される応急的処置であり、また患者認定業務と同様に県を実施主体とするやり方に強い不満を持ちながら、最終的には毎回受け入れるパターンを繰り返している。

「地方は局面によって、ある時は対等なバーゲニングの相手となり、ある時は単なるエージェントと化す。それは、中央政府が勝手に手綱を締めたり緩めたりしているだけ（秋月：2001）」であり、「国は地方政府に対して少なくとも潜在的には生殺与奪の権を保有しているのが通例（西尾：1990）」という指摘には説得力がある。

このような状況の中では、何らかの特別な事情を作り出さない限り、国と地方との交渉は結局同じ結末をたどることになる。しかし、相対的弱者である地方自治体は強者である国からの圧力を受け、その自由裁量を制約されるだけではなく、一方ではその圧力に抵抗して自主独立を目指そうとすることも事実である。この場合、弱者の行動選択には、①強者への資源依存を認めつつも強者からの支配を回避したり、受ける支配を最小限に抑える戦略、②資源依存関係そのものを変える戦略、の２つがある（桑田・田尾：1998）。

熊本県は、まず資源依存が避けられないものについて、国からその資源提供の確約を取りつけることを最優先課題としていた。しかし、その道のりは長く１つの交渉で得られる成果はきわめて限られていた。水俣病関西訴訟は、提訴から22年後に最終的に決着したが、チッソ支援問題も石積み的な努力によって一定の決着にたどり着くまでに23年を要している。中央集権的なわが国において、国の政策方針の変更を実現するには、民間や地方自治体の違いを問わず、その代償として相当の歳月が求められることを示している。

チッソ支援開始当時、熊本県と国との間には様々な問題について認識や対応姿勢に大きな隔たりがあった。熊本県は県債方式による県からチッソへの直接融資は法的にも問題があるので、早く法整備を行うべきであると主張していた。一方、国は県のチッソへ直接貸付は法的に可能であるとし、新たな法的整備は考えていなかった。また、県からチッソへの貸付についても無担保で行われていたことから、県は国に対して抵当権の設定等を要請していた。当時、国は「慎重に検討する」と回答したが、現在も国からの保証措置はなされておらず、県のチッソへの貸付は無担保のままである。

このような国の姿勢は、県に大きな不満と不信を残もたらすことになったが、チッソ支援に関する熊本県の国への要望内容は３つに大別することができる。①チッソへの貸付のために発行する県債の償還について、チッソに不測の事態が生じた際に国が100％保証すること、②チッソ金融支援が国の施策であることを明確にすること、③国が抜本的なチッソ金融支援策を策定すること、である。結果として、チッソへの抜本的金融支援策が策定されるま

での約23年間のうち、15年間が県債発行に対する「国の100％保証」の確約取り付けと「国の施策」の明記に費やされたのだった。

(2) 財源の確保

熊本県が最も恐れたことは、チッソに不測の事態が生じた（チッソが倒産した）場合の熊本県財政への影響である。1977年の熊本県予算（3,121億円）のうち、起債（県債発行による資金調達）を除く県税などの自己財源は17.9％に過ぎず、財源の大半を国に依存する財政構造であった。

1978年以降11年間の患者県債発行累計額が1977年度の県税総額を上回る規模であっただけでなく、熊本県には国への強い不満や不信感があった。沢田一精熊本県知事（当時）は、昔からいわば県の国に対する怨念の歴史があると述べたが、水俣病問題についてはいつも県が国の代わりに前面に立ってきた。また、国の一連の行動から、仮にチッソが倒産しても県が被害補償や県債償還問題の処理を負うことになりかねず、最悪の場合にはチッソとともに県が連鎖倒産しかねないという強い不安を持っていた。

まず、チッソからの補償金支払いが不能となった場合には、患者補償をどうするかという問題がただちに生じる。沢田知事は、1978年12月県議会において、現在の公健法ではあくまでも原因企業から金を取り立てることを前提に補償給付が行われる仕組みになっており、原因企業がなくなった場合の規定はないので、公健法に基づく救済も中断することもやむを得ないかと心配していると答弁している。しかし、同法では都道府県知事が補償給付を支給すると定められていることから、知事は原因企業からの支払いがない場合でも、補償給付を支給する義務があるとの解釈もある。いずれの場合でも、熊本県が困難な立場に立たされることは避けられない。

熊本県が最も危機感を抱いていたのは県債償還の問題であった。閣議了解で言うチッソに不測の事態が生じた場合の「所要の措置」についての解釈は、まさに国の裁量である。そのため、熊本県は不測の事態が生じた際の県債償還に関する国の100％保証を、1978年当初から最重要課題として執拗に繰り

返していたのである。

　しかし、関係省庁は具体策を示さず、これまでの姿勢を崩さなかった。そのため、熊本県議会は 1982 年 12 月に「国が速やかに誠意ある措置をとらない限り、次回（1983 年 6 月期）以降の県債の発行には応じない」ことを決議したのであった。県議会の強硬な要望を受ける形で、翌年 5 月 17 日に開かれた関係閣僚会議で梶木又三環境庁長官が「チッソに万一不測の事態が発生した時においても、熊本県財政にいささかの支障をもきたさないよう国側において十分な対応策を講じる」という趣旨の発言（いわゆる「いささか発言」）を行ったのである。チッソ支援開始から 5 年を経て、償還財源確保に関して熊本県が獲得した初めての成果であった。

　しかし、歩みはその後止まってしまう。熊本県の要望に対する国の対応が緩慢であったことから、4 年後の 1987 年 12 月県議会では、国の対応が不十分であればチッソ県債の発行については特別の決意をもって臨む（県債発行を認めないこともあり得る）と決議された。しかし、県の要望活動や県議会のたび重なる決議にもかかわらず、何の進展も見られなかった。償還財源の確保は県が最も強く要請していたことだが、15 年間近くにわたる国との交渉の成果は、環境庁長官の「いささか発言」がほとんどすべてであった。

(3) 責任主体の明確化

　チッソ支援を「国の施策」として明確に位置づける、すなわち「責任主体の明確化」もチッソ支援にかかる本質的な問題として熊本県が強く要望を繰り返していた事項の 1 つである。利害が対立する場合には、課題に対する認知・評価そのものが関係者間で違うことが普通だが、その認知・評価が調整される場合とそうでない場合がある。その違いは、どの程度双方が課題を解決したいと考えているかに依存している。譲歩する意思がなく、そのことによって課題が解決されなくともかまわないと判断していれば、認識・評価を変える必要性はない。他方、関係者が解決を望む場合には程度の差はあれ歩み寄らなければならない。すなわち、課題に対する認識・評価、達成すべき

水準を変更し、そこで得られるものに価値を見出さなければならない（木下・棚瀬：1991）。

　チッソ支援については、国も熊本県も少なくとも何らかの形で解決されるべき問題という認識を持っていた。そうでなければ、国が閣議において対策を決めることもなかったし、熊本県が国に対策を要望することも県債方式に協力することもなかったはずである。国と熊本県は、チッソ支援問題を解決されるべき行政課題という認識を共有しつつ、しかし「誰が主体的に対応すべき課題か」という点について、その認識が大きく異なっていた。ヘドロ処理事業の事業主体をめぐる運輸省と県の対立が、水俣病に対する責任を互いに回避しようとする争いと評されたように、日本の中央地方関係は責任の所在をきわめて不明確にする制度構造になっている。

　特に、熊本県が危惧したことはチッソ支援のローカル・イシュー化であった。県では、水俣病は被害者が全国に及んでいることやその業務の困難さから、一地方自治体では対応困難な規模・性格のものであるとの認識を持っていた。チッソ支援についても、必要とされる資金の巨額さから一地方自治体では対応困難な問題という認識であった。

　しかし、責任主体の明確化に関して、熊本県は当初から国に要望していたものの15年間は何の進展も見られないまま過ぎている。熊本県がそのことを事実上容認してきた理由は県債償還についての国の100％保証、すなわち県債償還財源の確保を最優先課題としていたためである。

3　15年目の分水嶺

　これまでの国の対応を要約すれば、患者県債の枠組みを堅持するとともに、熊本県の要求については緩慢に対応する漸増、漸変主義であったと言ってよい。しかし、チッソ支援は開始から15年後の1993年度に転機を迎えることになる。その経緯は次のとおりである。

　バブル経済の崩壊を受けて、チッソの経営も1992年度から急激に悪化し、従来の算定方式による融資だけでは不測の事態が予想される状況となった。

熊本県の強い要望を受ける形で、国は1993年8月31日水俣病に関する関係閣僚会議申合せにおいて、①中長期的な観点からの支援策の早期成案化、②差額相当額約106億円の臨時特別県債の発行、などの方針を決定した。これが、その後の国と熊本県の交渉において大きな意味を持つことになった。それは、チッソへの金融支援措置が「国の施策」として行われるものであること、万一不測の事態が発生した場合の県債償還財源については、国において「万全の措置」を講ずることが明記されたためである。これらは、県債方式によるチッソへの金融支援開始当初から、熊本県が長く要望を続けていた事項であった。

　1993年以前の交渉においては、その成果を見る限り、熊本県と国の関係はわが国の中央地方関係の現実をそのまま映したものであった。しかし、今回は熊本県に対して国が大幅に譲歩するという、これまでに見られない展開をたどっている。それはなぜだろうか。

　第1に、県政最大の懸案であった水俣病の認定申請処理問題に一応の目途がついたことである。表2-2のとおり、熊本県が県債方式によるチッソ支援を受諾した1978年は、まさに未処分者が急増する最中にあった。県債発行の条件として、熊本県議会が決議した付帯事項の最初の項目は水俣病対策であり、以後、国による認定業務の促進は必須の要望事項だった。特に、1977年度以後10年間は、常に未処分者が4,000人を超えていた。しかし、未処分者も1993年度には20年ぶりに1,000人台まで減少し、懸案事項の処理に一応の見通しがついた時期であった。すなわち、チッソ支援を受諾した際の条件であった、国にも認定業務に協力してもらう必要性が薄くなり、また業務量の減少もあり財政負担もおおむね解消された時期である。熊本県の行動を大きく制約していた「認定業務の促進」という足かせが外れ、もっぱらチッソ支援に焦点を当てて交渉することが可能となったのである。

　第2の理由として、患者補償の不足分を支援するという患者県債方式の行き詰まりがあげられる。チッソの患者補償支払総額を超える金融支援を行うためには、新たな大義名分と手法が必要となる。新たなチッソ支援策を県に

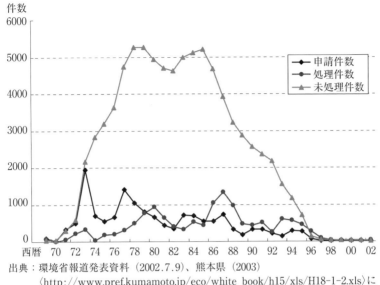

表2-2 水俣病認定申請及び処理状況（熊本県）の推移

出典：環境省報道発表資料（2002.7.9）、熊本県（2003）
〈http://www.pref.kumamoto.jp/eco/white_book/h15/xls/H18-1-2.xls〉に基づき著者作成。

実施させるためには、国は改めて熊本県の了承を取りつけなければならない。熊本県の激しい要望活動の成果とも言えるものであるが、国はチッソ支援をローカル・イシュー化、すなわち疲弊した地域の活性化策として位置づけ直さなければ新たな対策は打ち出せないと考えていた。

　一方、ローカル・イシュー化に伴い熊本県、特に県議会の発言力が増大することになった。熊本県の業務の大半は機関委任事務であり、財源もその多くを国に依存していることから、国は熊本県執行部に対する強い「抑止力」を持っている。懸案であった認定業務の推進に一応の目途がついたとは言え、水俣病対策全般にわたって権限、財源両面から一定の統制を受けざるを得ない。一方、熊本県議会は機関委任事務に関して何の権限も持っていない代わりに国の支配が及ばず、一定の独自性が確保されている。結果的に、熊本県議会が県の考えを強硬に主張し、県執行部が国との継続的交渉と調整役を担う役割分担がなされていた。

なお、閣議了解等で言う「万全の措置」は、「所要の措置」と語感上の違いはあるが、いずれも国の理解するところの「万全」であり「所要」であり、特に違いはないと言われればそれまでである。また、「国の施策」という文言も、「水俣病対策について（閣議了解等）」に基づき国の施策として行ってきているという形で使われているが、水俣病対策におけるチッソ支援とは関係金融機関と熊本県が行うチッソ支援に対する支援のことを指している。少していねいに文書を読めば、国が実質的な責任主体となってチッソ支援を行うという意味で「国の施策」と使っているわけではなかったことも、国が了承した理由の1つと言えよう。

予想されていたことだがチッソの経営状況は改善せず、翌1994年9月期には再びチッソの公的債務返済が困難な事態に陥る。環境庁から同年8月後半に示された案は、第1に関係金融機関と協調して「低利借換」の金融支援措置を行い、資金繰りの円滑化を図る。第2に熊本県が国の補助を受けて地域振興基金を創設し、その基金を通してチッソに対して設備投資資金を融資する。その資金調達は、新たな県債（設備県債）によってまかなうというものであった。

患者県債発行の際は、国も直接認定業務を行うことが取引条件となっていたが、今回は、「償還財源の保証」と「国の施策」について、閣議了解等に明記することが条件となったのである。

なお、熊本県が地域振興基金を経由した設備投資資金貸付を受け入れた主な理由は、チッソ支援の新たな迂回ルートだとしても、チッソがきわめて切迫した状況にあったことから不測の事態が生じかねないという危機感があったことや、チッソへの中長期的な観点からの支援策についても、速やかに成案を得るべく関係省庁において検討を進めるという関係閣僚会議申合せ（1993年8月31日）が行われたからである。

1978年の閣議了解における「所要の措置」明記から1983年の環境庁長官の「いささかの支障もきたさないよう国側で十分な対応策を講じる」発言まで5年、そして1993年の閣議決定における「万全の措置」「国の施策として」

の明記まで、さらに10年の歳月を要している。熊本県は、国から譲歩を勝ち取るために、3年ごとの県債発行の見直しやチッソの経営危機のたびに、一歩ずつ階段を上っていく必要があった。これまで繰り返された「国から誠意ある回答がなければ県債を発行しない」という決意は、そのための石積み的な作業として必要とされていたのである。

なお、関係閣僚会議で申合せにおいてチッソへの中長期的な観点からの支援方策に関して検討を進めることが明記されたことは、抜本的支援措置へ向けての大きな布石となった。その後の7年間は、この文言の具体化が国と熊本県の交渉の焦点となった。

4　抜本的金融支援措置

熊本県は、患者県債発行当初から、チッソ支援問題については国の責任で対策を講じてもらいたいと要望していたが、国において抜本策（中長期策）について正式な言及がなされたのは、1993年8月31日の水俣病に関する関係閣僚会議申合せが初めてであった。そこでは、中長期的な観点からの支援策の検討について「速やかに成案を得るべく、関係省庁において検討を進める」とされたが、この動きは一時中断する。その主な理由は、患者団体との紛争状態の終結、和解が政治的焦点として浮上したためである。

1995年、村山首相の意向を受けて最終的かつ全面的な解決に向けた最終解決策が提示され、紆余曲折を経ながらも原因者（チッソと昭和電工）と主要被害者団体との間で、解決のための合意が成立した。この合意によりチッソは一時金約317億円を支払うことになったが、全額熊本県からの借入れで賄った。これによってチッソの公的債務残高は1996年度に1,300億円を超え、経営状況はさらにひっ迫したことから、和解への対応が一段落すると再びチッソへの抜本的支援策がクローズアップされることになった。

しかし、国において中長期的観点からのチッソ支援策の検討が進まなかったことから、熊本県議会は、「中長期策については、(1998年)12月県議会に間に合うように案が出てこなければ患者県債等の審議はしない」ことを決議し

た（同年9月22日）。この決議が、抜本策策定へ向けての具体的動きの発火点としての役割を果たすことになる。

熊本県の要望を受ける形で、同年11月27日の自民党水俣小委（自民党環境部会水俣問題小委員会）で、松岡利勝水俣小委員長がチッソの株式を国が取得し公的管理下に置くという「松岡試案」を提示、関係省庁に試案についての検討を指示した。松岡試案は、国がチッソの株式を全額取得して、公的管理下に置き、10年後に政府が取得した株を売却して公的債務相当額を回収するという大胆な提案であったが、常に不測の事態が心配されていた従来の県債方式と比べれば、確かに抜本策と呼べるものであった。他方、官僚の感覚からすれば、（外郭団体ではなく）国が企業の株式を直接取得して、企業の経営管理を行うことはあり得ない選択肢であり、受け入れがたい案であった。関係省庁からは、国の株式取得は国民の財産権の侵害にあたる、10年後に株式が適正な価格で売却できる保証はないといった反論がなされた。

松岡小委員長は、環境庁や大蔵省が松岡試案を拒否する場合には、それに変わる案を出すよう指示した。同試案は、関係省庁に対して抜本策が達成すべき水準を具体的に提示したという意味において、大きな意義を持つことになった。

一方、環境庁としては、長官文書では1998年度に検討を行うとはしているが1998年度中に結論を出すとは言っておらず、まして1998年中（年内）に結論を出すとは約束していないという姿勢であった。

なお、抜本的支援策の要望に関して熊本県執行部は2つの行動方針を持っていた。1つは、抜本策の具体的内容について提案しないという方針である。この方針は、以前の具体的な政策提案を含む要望活動とは異なっている。これは、チッソへの金融支援はあくまで「国の施策」であり、したがって地方自治体が口を差しはさむべき性格のものではないという考えに基づいている。仮に熊本県が政策内容について具体的提案をすれば、県にも政策提案者として人的、財政的負担は避けられないと予想されたからである。

もう1つは熊本県議会の独自性の強調である。国が県議会と直接交渉する

ことは一般的ではなく、県執行部に県議会の説得を依頼または要求するのが通常である。それを熊本県執行部は「これでは県議会が納得しない」と仲介役にはならない姿勢を取った。このため、国は指導監督権が及ばない熊本県議会を説得しなければならない構図が作り出されていた。国から見れば、熊本県執行部が国に県議会対策をさせているように映るわけだが、これらの行動方針は、政策立案の責任主体があくまで国にあることを明確にすることを意図したものである。熊本県議会と県執行部は、それぞれが違う役割を担いながら、国による抜本策の早期策定という共通目的のために行動していたことがわかる。

しかし、1999年に入っても関係省庁は松岡試案の法的問題点の指摘や抜本策策定が困難という回答を繰り返していたため、同年6月熊本県議会までに新たな対策が示されない限り、県債発行が否決されることが確実な情勢となっていた。切迫した情勢を受けて、自民党は関係省庁に同年6月熊本県議会までに政府案を策定するよう厳命する。これは、関係省庁が政策形成機能を発揮する環境を作り出すという意味で、重要な引き金（トリガー）となった。この自民党の強硬な姿勢を受けて、急きょ関係省庁間で政府案の検討、取りまとめが行われることになった。5月25日から各省庁の幹部による異例の協議が深夜まで続き、6月9日の関係閣僚会議で政府案が決定したのである。

各省庁間で素案策定に要した協議期間は、2週間にも満たない。この事実は、難題とされる政策課題であっても、政策が達成すべき具体的水準が確定すれば、官僚はそれを実現するために必要な政策知識と設計能力を有していることを示している。言いかえれば、官僚組織の能力が真に発揮されるための環境をいかに作り出すかが、社会課題の解決にきわめて重要な意味を持つということである。この環境の整備に、熊本県は20余年の歳月を費やしたのであった。

5　水俣病特措法成立の経緯

チッソ支援の実施主体の熊本県と国との交渉過程を見てきたが、ここで真

の当事者であるチッソの行動について目を向けることにする。なぜなら、2000年以降も新たなチッソ支援策を模索し、2009年に特別立法という形でチッソの分社化を実現化させる原動力となったのは、ほかならぬチッソだったからである。

チッソは現在でも多くの水俣市民の生活を支えている企業である。水俣病の被害が拡大した後も、被害者団体を含めてすべての地元関係者がチッソの存続を望んでいた。もちろん、チッソは自社の存亡に関わる問題であっただけに、国や熊本県への定期的な経営状況報告や経営支援の陳情をし、県債が議論される県議会の厚生常任委員会、環境対策特別委員会開催初日にチッソ幹部が県議会を訪れ、謝辞をのべることが恒例行事となっていた。また、自民党の環境部会の主な国会議員に対する陳情や、熊本県議会の環境対策特別委員会所属議員への要望活動も、事あるごとに行っている。

1999年6月に環境庁が抜本策を提示した後、チッソは抜本的対策として分社化案を関係者に提示し、積極的な説得工作を展開し始めた。チッソの分社化案の概要は次のとおりである。

(1) 現在の事業を引き継ぐ新会社（新チッソ）を設立、現チッソは患者補償と債務だけを担う会社とする。
(2) 現チッソは、新会社の株式を売却し、その売却益により公的債務の早期返済を図る。
(3) 株主責任を明確化するとともに営業譲渡を可能にするため、特別立法によって現チッソの全株式を0円で公的機関が強制買収（100%減資）したうえで、新会社に営業権のすべてを譲渡する。現チッソは、新会社から入金される営業譲渡金等により、患者補償と債務の返済を行う。

債務のない新チッソは企業の信用力が増すとともに、職員のモラル向上や人材確保が可能となり、患者補償の前提となる安定的収益確保が可能となるほか、累積する公的債務の返済にも寄与するというものである。水俣病原因企業としての責任を現チッソに残し、本体を新チッソとして脱皮させることが、患者補償の完遂と公的債務の早期返済を可能とするという主張は、市場

経済原理から言えば一定の経済合理性を持つものである。しかし、チッソの存続自体、市場経済から外れた公的支援を前提とするものであり、それは社会倫理を重視する日本型 PPP の考え方に基づくものだった。つまり、市場経済原理を超えた社会的責任を果たすことを前提として、チッソの存続が許されてきたのである。

しかし、この分社化案でいけば水俣病の原因者責任は現チッソに残り、新チッソは水俣病とは全く関わりのない会社になってしまうことから、当然ながら 1999 年当時は国や熊本県は分社化案を拒否している。チッソは同年 11 月 25 日の水俣小委でも分社化と 10 年間の公的負債の償還猶予を求めたが、いずれも将来の検討課題という位置づけで棚上げにされた。

しかし、チッソの後藤舜吉社長（のちの会長、最高顧問）は、抜本策によって経営が安定した後も、諦めることなく分社化の実現を目指した。熊本県は政府（官僚）の政策形成機能の環境整備に苦心したが、後藤は立法府（政治家）の立法機能の環境整備に腐心したのである。チッソと自民党環境部会の関係は数十年続いており、古くからチッソ寄りの議員もいる。チッソの長年の主張は、現在は利益を患者補償と公的債務返済に回しており、設備投資もままならず、厳しい企業間競争に勝ち残れない、患者補償を完遂し公的債務を速やかに返済するためにも、企業体質の強化が急務であるというものであった。

2004 年 10 月の最高裁判決を契機に、判決と同様の基準での被害者救済を求める声が高まり、2007 年 10 月に与党 PT が新たな救済策案を公表する。新救済策では被害者に対して一時金をチッソが支払うこととされていたが、チッソは同年 11 月、与党 PT の新救済策案を「解決への展望がどうしても持てない」などとして受け入れ拒否を正式に表明し、併せて分社化の実現を強く迫ったのである。チッソの強硬姿勢の背景の 1 つに、与党 PT の中心人物であった杉浦正健代議士とチッソ後藤会長との関係がある。両者は東大同期であり、杉浦代議士はかつてチッソの顧問弁護士であった。時機を得た分社化構想は 10 年近い時を経て、現実的な政策案として政治の舞台に登場したのである。

翌 2008 年 6 月、与党 PT はチッソ分社化のための特別立法の素案（公害健康被害補償金等の確保に関する特別措置法案［仮称］要綱骨子素案）を公表したが、概要は以下のとおりである。

(1) チッソを新会社（事業会社）とチッソ（補償会社）に分ける。
(2) 新会社の新株発行益を将来の補償金支払分にあて、あまった利益は公的債務、金融機関の棚上債務の返済にまわす。
(3) 補償金債務を地元自治体（熊本県）に引受けさせる。
(4) 数年後にチッソを清算し新会社を残す。

素案はチッソ救済に特化したものであったため、被害者団体を始めとして地元から強い非難の声が上がった。一方で、新たな救済を求める人たちへの対応が喫緊の課題となっていたことから、改めて新救済実現のための法案が検討され、その実施に伴い負担が増加するチッソの補償能力強化の手段として分社化が位置づけられた。その後、チッソも新救済策の一時金支払いに同意したことから、2009 年 3 月に未救済被害者の救済を主たる目的とした水俣病特措法案が国会に上程された。同法案と素案との主な相違点は、第 1 に救済措置の方針や水俣病問題の解決に向けた取り組みが盛り込まれている。第 2 に素案では補償協定に基づく今後の補償債務を地元自治体が担うとされていたが、補償債務はチッソに残して補償業務を環境大臣が指定する一般財団法人が担うこととされた。また、一時金の支給業務も指定財団法人への委託が可能とされた。この法人（水俣病被害者救済支援財団）は、のちにチッソによって設立されている。

第 3 に公健法の「地域指定解除」の条項が新たに盛り込まれた。救済を受けるべき人々があたう限りすべて救済されることが確定した後、公健法 2 条 2 項の政令で定める地域及び同条 3 項の政令で定める疾病の指定を解除するというものである。これについては、チッソと同様、国も水俣病と縁を切ろうとしているとの強い批判が地元で起こった。

第 4 に認定申請者が累増していることから、国も認定業務を行う「水俣病の認定業務に関する臨時措置法（当時は休眠状態）」の一部改正を行い、臨時水

表2−3 チッソ分社化の経緯

2010年 6月 4日：チッソが水俣病特措法8条の特定事業者の指定を環境大臣に申請。
7月 6日：環境大臣が、チッソを特定事業者に指定。
9月 7日：環境省大臣が、水俣病被害者救済支援財団を指定法人に指定。
11月12日：チッソが、同法に基づく事業再編計画の認可を環境大臣に申請。
12月15日：環境大臣が、チッソの事業再編計画を認可。
2011年 1月12日：チッソが、事業社としてJNC株式会社を設立（曾木電気株式会社の設立から105年後の日）。
2月 8日：大阪地方裁判所が、同法10条第1項に基づく事業譲渡を許可。
3月31日：チッソが、事業再編計画に基づきJNCに事業を譲渡。
4月 1日：JNCが営業を開始。

俣病認定審査会の再開など所要の規定の整備を行うこととされた。

　一方、民主党も2009年4月に対案を提出したが、その後与野党協議が進められ、同年7月2日に与党案の救済対象の拡大や分社化条件の厳格化（分社化の前提となる事業再編計画認可の要件として、一時金の支給にチッソが同意すること、事業会社の株式売却を市況が回復するまで凍結すること）、公健法の地域指定の解除の条文削除等を行うことで法案の一本化に合意、同法案は同年2009年7月8日成立し同7月15日に公布、施行された。以後の経緯は表2-3のとおりである。

　水俣病特措法に基づく分社化の特徴は、新会社の株売却益で多額の負債を一括返済する画期的手法にあるが、実現までには越えるべきハードルがあることから、国はJNCの株売却に関して慎重な姿勢を崩していない。

　株売却の前提として、まず公的債務はもとより、将来を含めた被害補償総額が一定の範囲内で確実に把握できることが条件となる。現在の認定患者に対する補償金支払いについては、これまでの補償実績に基づき補償総額を概ね推計することは可能である。しかし、2017年1月末時点で2,274人が公健法の認定処分を待っているほか、約1,300人が損害賠償などを求めて係争中であり、被害補償総額が推定できる状況には至っていない。

　また、十分な株売却益が確保される見込みが立つことも条件の1つである。チッソの再編計画書には、業譲渡時におけるJNCの株式評価額は1,950〜

表2—4　分社化後のチッソの経営状況

年　度	経常利益（連結決算）	
	事業再編計画	実　績
2010	240億円	248億1,000万円
2011	250億円	125億4,200万円
2012	260億円	104億9,500万円
2013	270億円	148億2,400万円
2014	280億円	174億6,000万円
2015		137億6,600万円

出典：チッソ株式会社（2010年11月12日）「事業再編計画の認可申請について」「2010～2015年3月期決算短信」に基づき著者作成。

2,350億円と記載されていたが、チッソの公的債務残高（2016年3月末）は2,059億円、金融機関への返済408億円（計2,467億円）に加えて、今後の被害補償にかかる費用全額を、株売却益が確実に上回る必要がある。分社化後、株式市場は活況を取り戻しているが、JNCの業績が順調に伸び、企業価値が上がることが前提となる。しかし、同社の経常利益（連結決算）は2010～2014年平均で約160億円、事業再編計画の6割程度、2016年3月期決算でも、経常利益は137億6,600万円にとどまっている。信用度が増し、設備投資や研究開発に要する資金調達が容易になる、社員の士気が上がるといった分社化によってもたらされると考えられていた効果が、業績に現れるまでには至っていない。分社化は、確かにチッソが水俣病の呪縛から解放される道筋を拓くものだが、その道のりは未だ険しいと言えよう。

第3章

環境被害とフレーミング

　公害被害を始めとして薬害被害や原爆症被害など、被害者と原因者、行政間で環境復元や被害補償をめぐって深刻な対立が生まれ、解決に数十年かかることもまれではない。水俣病の経緯を見ても分かるように、なぜ解決までにこれほど紆余曲折を経る必要があるのか不思議に思えるほどである。その基本的な原因は、そもそも関係者ごとに問題のとらえ方自体が大きく異なっていることにある。同じ事実に異なった解釈を与える、あるいは異なる情報を選択して状況を理解するために、解決すべき課題や必要とされる政策に対する認識に大きなギャップが生じるのである。本章では水俣病関係者（被害者、チッソ、行政）が水俣病問題をどのようにとらえていたのかを考えてみたい。視界に入る世界は、人によってかなり異なるものである。

1　フレーミングとは

　物事の記述の仕方や表現が、私たちの理解や意思決定に影響を及ぼすことをフレーミング（framing）効果と言うが、フレーミングとは問題のとらえ方や状況の定義の仕方、情報や知識を組織化する認識の仕方をさしている（Tversky and Kerneman：1981）。

　何か問題が生じると、私たちはその問題に関する情報を収集、振い分けし、問題に対して意味づけや評価を行う。問題が生じた原因や責任の所在や今後起きるであろう出来事、問題の対応に必要となる資源や利害得失を評価し、

必要な行動を選択することになる。フレーミングは、今後どのように対処すべきかを判断するための重要な作業である (Putnam & Holmer : 1992)。

まず紛争の端緒となるのが、私たちが解決すべき問題は一体何かという「課題フレーミング」である。課題フレーミングが重視されるのは、その後の私たちの行動や求める政策がそれによって大きな影響を受けるからであり、自らの利益を保護、正当化するために一部事実の無視や軽視、理屈づけや問題のすり替えといった作業が半ば無意識に行われる。

2007年、地球温暖化に警鐘を鳴らすドキュメンタリー映画「不都合な真実」がアカデミー賞を受賞し、出演した元アメリカ副大統領アル・ゴアはノーベル平和賞を受賞した。この映画の中で、企業を擁護する人たちが「経済活動で地球温暖化が進んでいる確たる証拠はない」と反論するシーンがある。地球環境変動の因果関係の全容は未だ解明されておらず、経済活動と地球温暖化を関連づけた課題設定そのものが適当でないという主張である。

問題解決に大きな影響を与えるのが、なぜ問題が生じたのかという「因果ストーリー」である。因果ストーリーは、関係者の利益がフィルターとなって情報の選別や事実への解釈が加えられて構成される。天災か人災か偶発的か意図的か、どちらに解釈するかで私たちの対応は大きく変わることになる (Stone : 1989)。環境被害に関しては責任の所在が大きな争点になることから、特に因果ストーリーが重視されるのである。

2 利益と行動選択

課題フレーミングに大きな影響を与えるのが私たちの利益である。例えば、温室効果ガスの削減対策は企業にとって新たな費用負担しかもたらさない（私的利益に結びつかない）と考える人たちは、課題設定自体が誤っているという理由をつけることが、自らの利益確保につながることになる。

この利益フレームに盛り込まれる利益は多様である。ある社会状況を実現するための手段としての活動が目的を達成するまでの過程は、「投入 (inputs) →活動 (activities) →産出 (outputs) →結果 (outcomes)」というロジック・モデル

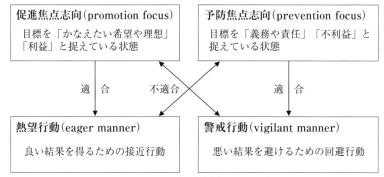

図3—1　目標志向性と行動選択
出典：Higgins（2005）に基づき著者作成

で表わされるが、投入、活動、産出、結果の何をどのような形で利益としてとらえるかは、関係者の社会的な立場や関心によって大きく異なる。

　水俣病の新救済策を例に取れば、経済学者であれば一時金や医療費無料化に伴う経済効果、つまり「結果」を利益と見なすであろうし、チッソは一時金の支出（投入）や膨大な事務処理（活動）を不利益と見なすであろう。市役所職員は市内でどれだけ一時金が使われたかを利益、国保費用の増大を不利益と見るであろうし、政治家であれば選挙へ向けての集票効果が利益となるだろう。そして、一時金支給対象者にとっては「産出」にあたる現金支給が利益として理解されることになる。

　また、課題への「関与（関わり方）」も私たちにとっては重要である。自分が行った行動の結果や成果がもたす価値（利益）だけでなく、行動（課題への関わり方）自体も、私たちにとっては大きな意味を持っている。

　ある目標（課題）に対する私たちの行動には、図3-1のように2つの異なった行動の基本様式がある（Higgins：2005）。私たちが取り組む目標を実現したい希望や理想として積極的にとらえている場合には、目標達成がもたらす利益を求めようとする接近・獲得行動を取る。一方、目標を果たさなければならない義務や責任として消極的にとらえている場合には、悪い結果を避けるための安全確保や損失回避行動を取る。これは目標志向性と呼ばれるものだ

が、目標に対する志向性と私たちの具体的行動の手段（方略）が一致することが「制御適合（regulatory fit）」と呼ばれるものである。重要な点は、制御適合している自分の行動については「正しいと感じ（feel right）」、より関与が強まること、加えて制御適合は行動がもたらす結果とは独立した価値を持つことである。つまり、私たちにとっては、その目標に自分がどのように関わっているかということが、重要な意味を持つのである。

　私たちは時々「ボタンのかけ違い」に出会うことがある。これは、ある事柄に対する関わり方の中で、自分が関わりたいと思うような形で他の人が自分を扱ってくれるかどうかという問題である。例えば、政治家は自分がどのように扱われるかにきわめて敏感なことから、説明に回る順番を間違えてしまうと、その扱われ方が気に入らないという理由から態度が変わってしまうことは珍しくない。政治家に限らず、事柄の内容よりも自分の扱われ方を重視する関係者は少なくない。

　また、課題に対する関わり方は、関係する人たちの「関係性」や「情報の信頼性」にも影響を及ぼし、対立や不信の深化を招く場合もある。例えば、ダム反対派は治水対策としてダム建設を進める根拠について、行政の説明をまともに聞こうとしないことが多い。これは説明が合理的かどうかという問題以前に、課題に関する行政の関わり方（行動志向性）に対して、強い不信感を抱いているからである。行政はダム建設を正当化するために行動しているのであって、そのために情報は都合よく加工されているのだから、聞いても聞かなくても同じというわけである。

　このように政策課題に関する利益が異なる場合、ある関係者の自己利益に忠実な行動は、他の人たちにとっては不誠実で誤った行動選択として映る。対立が深刻化し、解決が長期化した課題では関係者にとっては結果としての利益だけでなく、対立する人たちの態度を変えさせること自体が獲得すべき目標になることも多い。深刻化した政策課題にしばしば見られる行政への謝罪要求はこれまでの行動、すなわち政策課題に対する関与のあり方が誤り（不誠実）であったことを認めさせ、態度そのものの変容を要求するものである。

しかし、このような関わり方に関する利益は、必ずしも関係者の利益を増進させるとは限らない。例えば、ダム建設を中止することが社会的利益になるとしても、政策転換が行政の評価を高めない限り、誤りを認めた時点で謝罪や過去の政策責任の追及といった、新たな不利益が行政にもたらされるのが普通である。

　また、関係者間の対立が激しく信頼関係のない交渉においては、相手の裏切りが予想されることから、協調的手段を取ることができない。関係者は、いずれも協調ではなく対立・拒否を選択することが、自らの利益を最大にする選択となるが、関係者全体の利益を最大にする行動選択が取れない囚人のジレンマと同様の状況におちいる場合もある。水俣病問題も、被害者とチッソ、行政間、あるいは中央（国・チッソ）と地方（被害者・地元自治体）間で、相互不信と厳しい対立関係が半世紀にわたって続き、関係者間のコミュニケーション（円滑な情報伝達と理解の共有）が困難となった事例の1つである。

　また、私的利益と社会的利益に関するフレーミング・ギャップも指摘される。1950年代から60年代にかけて各地で発生した深刻な公害が長期紛争化した理由の1つには、当時、戦争によって壊滅的打撃を受けたわが国を復興し、国民生活を安定、向上させるには経済発展が急務とされていた時代背景があった。復興の原動力である企業活動の一部に不具合があったとしても、わが国全体の利益を確保するためにはやむを得ないとの社会意識があった。少なくとも当時は、原因企業の経済活動が国益に資すると見なされていた一方で、被害者の利益は国益とは両立し難い私的利益として整理され、結果としてあくまで補償を求める被害者団体は反体制、反社会的な集団として捉えられていた。課題認識や政策に対する不一致が著しい問題の解決過程は、フレームの形成、フレームの争い（frame conflict）、フレームの再定義（reframing）のプロセスとも言えるのである。

3　水俣病の多層フレーム

　水俣病問題について、関係者は「チッソ水俣工場の排水とともに流出した

メチル水銀が、魚介類を通して人体に蓄積することにより引き起こされた神経障害である」という基本的な事実認識は共有しているが、因果ストーリー、原因者、被害者、解決水準（補償対象者や補償水準）とその手法についての理解はそれぞれ異なっている。なお、同じ水俣病認定患者であっても物事のとらえ方には個人差があり、被害者団体の間でも十分な認識の共有が図られているわけではない。ここでは、関係者（被害者、チッソ、行政）ごとにおおむね共通して見られる課題フレームの特徴を見ていくこととする。

(1) 被害者

　メチル水銀は、関係者（被害者、地域住民、チッソ、行政）すべてに不利益をもたらした有害物質だが、関係者の社会的ポジションの違いによって、不利益を減少させるための行動や具体的手段は異なっている。

　被害者の重点利益は、メチル水銀によってもたらされた不利益（健康被害や生活の困窮、差別など）の解消や代償措置の獲得にある。そのためには、水俣病被害者であることを社会的に明らかにし、原因者に対する要求行動が必要となることから、行動志向性は接近志向が基本となっている。因果ストーリーは被害者の重点利益に正当性を与え、社会的影響力を持つ情報が選択されながら構成されることになる。被害者のフレーム・モデルの因果ストーリーの支柱は、2つの事実認識にある。

　第1に、メチル水銀汚染による被害は偶発的な事故ではなく、原因者の意図による悲劇だという認識である。原因者は、メチル水銀を排出し続けたチッソと、初期対応の遅れから被害を拡大させた国・熊本県である。このフレーム・モデルは、チッソはすでに1953年には「ネコ400号」実験で水俣病の発症を確認していたが、一方でアセトアルデヒドを増産し、また排水路を変更して被害を拡大させ、1968年までメチル水銀を排出し続けた事実を重視し、人命を顧みない悪質な意図が生んだ悲劇として捉える。

　他方、行政においても1952年には伊藤水俣保健所長がネコに水俣湾の魚を食べさせて発症することを確認していた。熊本県は厚生省に食品衛生法4

条 (有害食品の禁止) の適用を照会したが、厚生省は漁業禁止を行うことはできないと回答、その後も様々な経緯はあったが、結果として通産省、経済企画庁、厚生省 (いずれも当時) などの関係省庁と熊本県は、被害拡大を防ぐ対策を十分取らなかったという事実を重視する。この因果ストーリーを補強したのが、国と熊本県の被害拡大責任を認めた 2004 年の最高裁判決である。

このフレーム・モデルでは、「早い時期に被害調査がなされ、被害の全貌が明らかにされ、全被害者の救済に取り組んでいたならば、今日の不幸な状況は生まれなかった」という結論になる (水俣病患者連合「水俣病の真の解決のための要望書」環境大臣あて：2010.3.7)。

被害者モデルの第2の支柱は、メチル水銀汚染によって生じた被害の修復・再生や補償は、原因者が果たすべき当然の「社会的責務」だという認識である。被害者とは被害地域の住民すべてを指すが、この意味は2つある。1つは「経済的・社会的・精神的な被害者」という意味であり、もう1つは健康被害においても「地域住民全員が被害者」という意味である。後者は大坂高裁判決が指摘したように、「有機水銀の慢性中毒による身体的障害の程度は、重篤なものからそうでないものまでなだらかに連続的に存在するであろうし、また、罹患の事実が容易に、確実に認められるものから、その点の判断が微妙な者まで多様 (大坂高判：2001.4.27)」であり、また多少を問わず地域住民は水俣湾の魚介類を摂取していたからである。事実、最高裁判決以降の5年間で、水俣病に見られる症状を持つ3万人を超える地域住民が、新たに被害を訴えた。

したがって、被害者のフレーム・モデルにおける水俣病問題の解決とは、メチル水銀によって汚染された環境の再生と、直接・間接に被害を受けた地域住民の救済、すなわち原因者 (チッソ、国・熊本県) によるメチル水銀中毒の症状に応じた公平な被害補償と、被害地域の経済的、社会的、精神的な修復、再生とされる。そのためには、まずメチル水銀被害の全貌が明らかにされる必要がある。水俣湾を含む不知火海全域の環境調査と、かつて汚染地域に居住していた住民の健康調査である。「対象となっていない地域の漁民たちも不

知火海において汚染魚を捕獲していた事実」があり、「それらの汚染魚介類を多食していた人びとの中には水俣病の症状で苦しんでいる人がいる。」また、救済対象外とされるとなる「1969年12月以降に出生した人、1969年以降に対象地域に居住していた人の中にも健康被害を訴えている人がいる」からである（水俣病互助会ほか「日本弁護士連合会に対する人権救済申立について」日本弁護士協会あて：2010.3.2）。

　次に、メチル水銀中毒症としての水俣病像の見直し、すなわち「司法と行政の二重基準」の解消である。最高裁（2004）は複数の症状の組み合わせを条件とする公健法の認定基準ではなく、症状の多様性や変動を認めるものであり、メチル水銀曝露歴を前提に感覚障害を中心とした3つの症状のいずれかがあればよいとした。最高裁判決によって判断条件が示された以上、国の判断条件も見直されるべきだとする（水俣病互助会ほか「要望書及び質問書」環境大臣・環境副大臣あて：2010.3.3）。

　この主張は、2013年4月16日の水俣病認定棄却申請処分取消訴訟（溝口訴訟）の最高裁判決において支持されることになった。同判決は、52年判断条件に規定する症候の組み合わせがない限り水俣病にかかっていないとする国の主張は、その医学的正当性を裏付ける的確な証拠は存在せず、その組み合わせを満たさない場合でも、個別具体的事情等を考慮することにより水俣病にかかっているものと認める余地があるとして、原告を水俣病にかかっていると認めたものである。

　このフレーム・モデルでは、メチル水銀中毒罹患者は、症状の軽重は別にして同じ「水俣病被害者」として理解される。そのため、水俣病被害者を公健法の認定患者に限定し、基準を満たさない被害者の救済を社会紛争の解決として捉えることに異を唱える。チッソや国・熊本県は「『紛争解決＝紛争当事者のみの救済』に終始し、『真の解決＝全被害者の救済』をないがしろにしてきた」と理解されるのである（水俣病患者連合：2010.3.7）。

　水俣病問題が半世紀を経てなお解決を見ないのは、チッソと行政いずれも真摯な対応をしなかったことが問題放置につながったとの認識から、その不

誠実な行動姿勢を批判し、すべての被害者が救済されるまで、原因者として誠意をもって対応しなければならないとする。

(2) 原因企業

　チッソにとっての重点利益は会社の存続・発展にあるが、この利益はメチル水銀排出に関する社会的責任の程度と被害の程度に左右される。したがって、チッソと水俣病との関係が遠い（チッソの責務が少ない）ほど不利益は減少することになる。行動志向性は回避志向が基本となり、因果ストーリーの構成もチッソと被害者とでは大きく異なっている。

　チッソモデルの第1の支柱は、科学的因果関係の重視である。水俣病発生当時、無機水銀がメチル水銀に変化することは化学的にあり得ないと考えられていた。1959年当時、熊本大学研究班が唱えた有機水銀説に対して、チッソは「文献で報告された例がない」とし、相当長期間世界各国で行なわれてきた化学工業であって、もしこのような猛毒物質が副成するならば、現在までにどこかの報告がなされているはずだと反論したが（チッソ「所謂有機水銀説に対する工場の見解」：1959.7）、報告例がなかったというのは事実である。メチル水銀副成過程の科学的解明を試みた西村・岡本（2001）は、有機水銀が副成する「生成機構」が未解明であり、チッソが反論した当時本当であったばかりでなく、それ以降も基本的には変わらなかったと指摘している。

　また、メチル水銀が地域住民にどのように影響を及ぼしているのか、当時は全くと言っていいほど不明であった。科学的因果関係の立証を前提とするフレーム・モデルでは、水俣病及びその被害は、当時の科学技術では予見不能であり、「極めて残念な、不本意な事件」として理解されることになる（チッソ「水俣病問題への取り組みについて」：2009）。

　第2の支柱は、法制度の重視である。水俣病発生当時、チッソは食品衛生法や漁業法、水産資源保護法（県漁業調整規則）、旧水質二法（公共用水域の水質の保全に関する法律、工場排水等の規制に関する法律）などの諸法を遵守していた（少なくとも法に基づく工場稼働の停止命令等は出されなかった）という事実がある。

確かに1973年の熊本地裁判決は、化学工場が廃水を放流する際には地域住民の生命・健康に対する危害を未然に防止すべき高度の注意義務を有するとして、チッソの企業責任を厳しく指摘した。しかし、経済企画庁（当時）が公共用水域の水質の保全に関する法律の指定地域に指定、水質基準を定め、工場排水等の規制に関する法律に基づく有機水銀に対する規制を開始したのは、水俣病の公式確認から13年後のことであり、法に基づく規制開始の9か月前（1968年5月18日）には、チッソはアセトアルデヒドの製造を停止していた。

　これらの事実認識に基づけば、水俣病は人智を超えた天災だったのであり、この意味でチッソもまたメチル水銀の被害者として理解されることになる。もし社会的責任が問われるならば、チッソだけではなく工場稼働を認めていた行政や、被害を防ぐために必要な科学技術を持ち得なかった社会も責めを負うべきである。少なくともチッソだけがすべての責任を負うことは不合理だという考えに結びつく。

　なお、チッソの社会的責任の有限性については、不法行為による損害賠償請求権は不法行為の時から20年を経過した時に消滅するという民法724条の規定によっても支持される。

　チッソには排出原因者としての罪を償う義務があるが、アセトアルデヒドの生産停止から半世紀が過ぎている。補償協定に基づく患者補償金支払いもすでに40年以上、その他の被害補償を含めれば半世紀にわたってチッソは償い続けてきた。チッソも社員の世代交代が進み、水俣病の発生に直接関わった社員はすべて退職している。にもかかわらず、チッソだけが未来永劫罪を背負い、無限の損害賠償を負うのは不合理だという認識である。

　補償対象者と補償水準についても、このフレーム・モデルでは科学的因果関係の立証が補償対象者の判断基準となる。因果関係が立証された被害者に対して補償の義務を負うというものである。

　本来であれば、補償対象者はメチル水銀中毒罹患者（蓋然性が100%）である。しかし、その医学的判断は容易ではなく、加えてチッソには被害補償につい

ての社会的責務があることから、一定の蓋然性が医学的に認められれば別の原因による疾病者が一部含まれるとしても、メチル水銀中毒罹患者を救済する観点から補償対象者とするという考え方である。そこには、一定の医学的根拠に基づく公正な判断が要請される。公健法に基づく水俣病の認定はその要請を満たす唯一の基準であったことから、認定患者を補償対象者としている。また、補償水準とは認定患者と交わした補償協定に基づく補償金額となる。チッソは被害者モデルの「水俣病被害者」を、自社のホーム・ページで次のように区分している（チッソ「水俣病問題への取り組みについて」：2016）。

第1に、公健法に基づく「認定患者」である。チッソが担うべき補償責任とは、認定患者に対する補償協定に基づく責任のことである。この考えにしたがえば、残された会社の責任は、生存する認定患者への補償の完遂と公的債務の返済となる。

第2に、損害賠償訴訟で「勝訴した原告」である。訴訟は当事者（原告と被告）間の紛争解決の一手段であり、判決の法的効力は当事者間に限定される。関西訴訟の最高裁判決に基づく損害賠償も、ほかの判決と同様に当事者間限りの紛争解決金とされる。

この解釈によれば、水俣病に関する公的な認定基準は公健法で規定されており、その基準に該当する認定患者に対しては、原因企業の責任として補償協定に基づき統一的な補償金支払を行うが、訴訟による損害賠償は訴訟ごとに異なる当事者間の紛争解決金として理解されることになる。したがって、公健法と判決という性格が異なる基準を同一視し、行政と司法の「二重基準」の解消を求める考え方とは相容れない。

第3に、水俣病を巡って「勝訴判決を得た原告以外の紛争当事者」である。チッソは最終的全面的解決を目指した1995年の政治和解に伴い一時金を支払ったが、これも水俣病と認定されない、因果関係が立証されていない人達が起こした「紛争」に対する和解金である。

第4に、今回の水俣病特措法に基づく「新救済策対象者」である。この対象者については次のように整理される。

2004年の最高裁判決をもって、水俣病被害を巡るすべての紛争は終結したはずである。しかし、同判決後再び認定申請や訴訟者が急増した。これは、1995年和解時の「合意の基本を無視したような関係者の言動があり、新たな訴訟が提起されるなど、今日の混乱に結びついている」と理解される（チッソ：2009）。水俣病特措法は、新たな訴訟の提起などの「社会問題として混迷」した紛争状態を収拾するための法律なのであり、一時金は紛争解決金である。同法の言う水俣病被害者とチッソが補償責任を持つ認定患者とは、性格が全く異なっている。したがって、「水俣病発生の『原因者だから』といった単純な理由だけで、この種の支出（新救済策の一時金支払）に、容易に応じることはできない」のである（チッソ：2009）。

(3) 行政

　行政の重点利益は、組織の本来目的である公共の利益と組織的利益が混在しているのが一般的である。また、行政モデルは、法令規則等の諸制度の遵守という行政の基本的性格に制約を受けることになる。

　なお、行政にとって、最高裁判決は社会制度上確定した判断と見なされることから、因果ストーリーも最高裁判決に準じた修正が行われている。同判決以前は、チッソは「熊本大学等による原因究明に協力的な態度をとらず、排水口を水俣川河口に変更したあと同地域周辺に患者の多発をみ、また附属病院長が工場排水直接投与により猫の発症を確認しながら操業を続けるなど、チッソが水俣病の発生を防止するために迅速かつ適切な措置の実施を怠った（環境省：1978）」という認識のもとで、行政に責任はないという因果ストーリーであった。したがって、公共的観点から汚染者負担の原則を堅持し、被害補償はチッソの責任において完遂することが前提とされていた。

　チッソへの公的支援も患者への補償金支払に支障を生じないようにし、併せて地域経済・社会の安定に資する手段として位置づけられていた（「水俣病対策について」閣議了解：1978.6.20ほか）。また、公健法の認定業務（機関委任事務：現在の法定受託事務）とチッソへの公的支援の貸付主体は熊本県であり、国の行

動志向性は間接関与を原則としていた。

　しかし、最高裁判決を受けて行政の不作為（被害拡大責任）を公式に認め、同判決の事実認定に沿った課題のリフレーミングがなされている（環境省：2005）。まず、「行政は1959年11月頃には水俣病の原因物質である有機水銀化合物がチッソから排出されていたことを、断定はできないにしても、その可能性が高いことを認識できる状態にあったにもかかわらず」被害の拡大を防止することができず、「水俣病を発生させた企業に長期間にわたって適切な対応をなすことができず被害の拡大を防止できなかった」とし、併せて適切な時期（1955年～1965年）に広範な水銀曝露調査等がなされず、行政による被害の把握解明が遅れたことを認めている（環境省：2006）。

　一方で、患者（団体）等が求めている被害の全容解明については、メチル水銀中毒の症状が多彩であるうえに、すでに曝露から長期間経過しているという事実認識から、曝露の客観的な確認は理想ではあるが現実には困難だとする実務的な実現可能性を重視する（環境省：2005.9.6 a, b）。

　行政のフレーム・モデルでは、認定患者や被害者救済手法に関する理解が被害者やチッソのフレーム・モデルとは異なるが、これは公健法の立法目的に由来する。同法は他の社会給付制度と異なり、加害者と被害者間の民事上の問題について行政が間に立ち、被害補償を一時的に立替払いし、後に原因企業から補償費用を徴収する点にある。これは、当事者間の補償交渉は容易に決着がつかず、結果として被害者の救済が遅れることから、民事上、補償されるべき一定限度について、その迅速な処理を図ることが立法の趣旨である（原田尚彦1981、松浦寛1995、鎌形浩史2000）。

　同法の認定は、「あくまで蓋然性の程度により判断するものであり、公健法の認定申請の棄却が、メチル水銀の影響が全くないと判断したことを意味するものではない」（環境省：2006）。最高裁判決（2004年）は、同法に基づく認定基準を否定していないという事実が、この解釈を補強する。

　したがって、このフレーム・モデルでは、水俣病被害者の救済は公健法と他の手段との組み合せによって解決されるべき課題として理解される。すで

に複数の手段が様々な経緯を経て講じられてきたことから、被害者救済制度を全面的に再構築することは、きわめて困難であり現実的ではない。これまでの救済制度を活かしつつ、救済漏れの被害者について最高裁判決を踏まえながら、水俣病特措法に基づく新救済策によって救済を図ることが適当と判断されるのである。

したがって、このフレーム・モデルにおける水俣病被害者救済は、次のように区分化されている（環境省：2005.9.6 a, b）。

(1) 公健法による認定「水俣病患者」＜法制度救済＞
　　認定基準は、蓋然性が50％超との医学的判断。診断の蓋然性を高めるためには神経症状の組合せが基本となり、一症候のみでは水俣病と診断することは困難。この医学的判断は46年次官通知及び52年判断条件を通じ一貫している。

(2) 公健法では認定されない被害者—水俣病の可能性（50％以下）のある者
　① 裁判判決賠償認容者＜司法救済＞
　② 政治解決対象者　　　＜政治救済＞
　③ 行政施策対象者　　　＜行政救済＞—政治解決を踏まえたもの
　④ 水俣病特措法の新救済策に基づく救済
　　　　　　　　　(1)及び(2)①〜③で救済漏れの被害者。

水俣病の蓋然性が50％未満の人達を水俣病被害者として法的な救済を行うことについては、水俣病の1つ1つの症状は非特異的（ほかの疾病でも見られる）であること、曝露からすでに長期間経過しており曝露の客観的な確認が困難であること、このような事態になった原因は行政による被害の把握解明の遅れにその原因が求められることになる（環境省2005.9.6 a, b）。

4　異なる評価

水俣病特措法に基づく新救済策は、被害者団体との協議を経て2010年4月末までに一応の決着を見たが、同法のもう1つの論点であるチッソの分社化については関係者間で評価が分かれている。

同法の規定では、過去の事業活動に係る債権債務・権利義務は自動的には新会社に継承されない（事業再編計画にその旨記載されなければ現チッソに残る）。そして、現チッソが清算されれば水俣病の原因企業が消滅し、事業会社に被害請求はできない。富樫（2009）や松田（2010）が同法の違憲性を指摘するのは、憲法が保障する関係者（被害者）の正当な権利を侵害しかねない道筋が開かれている点にある。

　水俣病特措法は水俣病問題の解決を目的とし、それに必要な手続き等を定めた法律である。分社化は目的達成に必要な資金調達のための手段であり、詐害行為取消権と否認権の適用除外規定（水俣病特措法14条）は、分社化の円滑な実現を図るための規定である。この適用除外規定が、本来の目的の範囲を超えて使用されると原因者責任が消滅する事態が生じることになる。

　仮にチッソが原因者責任の消滅を視野に入れ、国もそれを認めた場合、水俣病に関しては被害拡大の責任を認定された国・熊本県を訴えることはできるが、それ以外の過去の事業活動によって新たな被害補償が生じた場合（生産を停止した製品事故等）には、被害者は訴える先がない。万一そのような事態になれば、同法の違憲性が問われることになる（松田：2009）。

　天池（2009）は、救済費用を捻出するために原因企業を分社化し、将来的には現チッソを清算するという手法を用いつつ汚染者負担の原則を全うすることができるのか、ほかの公害問題への影響という観点からも注視していく必要があると指摘したが、分社化＝原因者責任の消滅という捉え方は、2008年6月に公表された素案の説明資料の中に、株式売却後の現チッソは債務超過により清算すると書かれていたことに端を発する。

　しかし、前述のとおり同法はチッソに被害者の権利侵害を義務づけてはいない。現チッソが存続あるいは他社に吸収合併される場合、仮に現チッソが清算する場合でも原因者責任を事業会社が継承する場合には、原因者責任は消滅しない。どの道を選ぶかはチッソ、最終的には同法を所管する国の裁量に任されている。したがって、同法に関する評価は、各アクターの利益及び行動志向性をどう理解するかで異なるものとなる。

前述の被害者フレーム・モデルによれば、水俣病問題の解決はきわめて不十分な段階であり、すべての被害者が救済されるまで原因者は責任をもって対応しなければならず、チッソや国は同法の趣旨を尊重して被害者救済のために誠意を尽くすべきとされる。しかし、これまでの水俣病問題に関するチッソの行動志向性は徹底した回避志向と判断されることから、チッソは必ず原因者責任を消滅させる行動を選択すると予想する。したがって、分社化の手続きはチッソが水俣病の原因企業から決別するステップとして理解される。

新救済策の申請受付が開始された1ヶ月後の2010年6月4日、チッソは分社化に向けた「特定事業者」の指定を環境省に申請した。これに対し、同月23日に水俣病被害者7団体は「誰一人新たに救済されておらず、全被害者救済への道筋も全く見えない時期に分社化による責任逃れのみを急ぐ態度に断固抗議する」声明文を出し、水俣病不知火患者会大石利生会長は「すべての被害者救済が終わるまではチッソの分社化は許されない」と抗議した（水俣病被害者7団体「チッソの特定事業者指定申請に対する抗議声明」環境大臣あて：2010.6.23）。

他方、チッソ・フレーム・モデルでは、判決に基づく損害賠償や1995年の政治解決時の一時金は、当事者間の紛争解決金と見なされる。今回の水俣病特措法に係る新救済策も、前文にあるとおり「地域における紛争を終結」させることにより水俣病問題の最終解決を図るものであることから、一時金の性格は解決紛争金であり、新救済策によってすべての紛争は終結することになる。

したがって、このフレーム・モデルで言う水俣病問題の解決とは、分社化に伴う株式売却益による、①患者の将来にわたる補償金支払の確保（補償基金への積立）、②一時金支払のための借入を含む公的融資の早期返済、となる。水俣病特措法に基づく分社化によって上記資金が捻出されれば原因者としての責任は全うされるという理解であり、したがって原因者責任を議論すること自体意味をなさなくなる。同法に基づく一連の分社化手続きが完了することは、後藤会長の発言どおり「水俣病の桎梏から解放される」ことを意味することになる（後藤：2010）。

環境省に特定事業者の指定を申請したチッソは、「水俣病特措法にしたがって水俣病問題の解決に全力を尽くす。補償の確保、一時金の確実な支給を行うため、最大限の企業努力をする」と談話を発表した（西日本新聞：2010.6.4）。
　一方、行政フレーム・モデルでは、まず同法の所管省として新救済策によって「救済を受けるべき人々があたう限りすべて救済される」よう、被害者団体の合意を得ながら進めていく必要が生じる。最高裁で行政の被害拡大責任が認定された以上、再び同様な訴訟が提起される事態を避けるためである。
　次に、一連の分社化手続きの慎重化である。分社化に対しては被害者（団体）等に根強い不信感があり、またチッソの認定患者に対する将来の補償金支払と公的債務返済金を確保する観点から、新会社の株式売却を承認する際には必要資金の確実な捻出が求められるからである。
　なお、同法案の国会提出時にあった公健法における水俣病の指定地域解除の項目は与野党の協議で削除されたが、同法7条4項には、「補償法（注：本書で言う公健法）に基づく水俣病の認定業務等を終了すること」という条項が残されている。これは、新救済策による救済が終了した時点で地域指定を解除するという趣旨である。
　法案提出時に指定解除が問題視されたのは、それが国にとって水俣病対策の終了を意味するからである。例えば、大気汚染については1988年に公健法の地域指定が解除されたが、以降、国は新たな被害者対策を取っていない。しかし、大気汚染による喘息等の患者はその後も累増し、旧指定地域の自治体の多くが今も多額の医療費助成等の対策を行っている。関係自治体は国も直接対応するよう要望を続けているが、見通しは立っていない。これが地域指定解除の意味するものである。仮に水俣病被害者への新たな対応が必要になった場合でも、それは自治体が対応すべき地域課題として整理されることになる。実現すれば、国にとっての懸案事項の1つが解決することになる。
　しかし、指定解除も原因者責任の消滅と同様、被害者（団体）や地元自治体等の反発が強いことから当分は議論の俎上に上げないことが、このフレーム・モデルにおける行動選択となる。

5 行動選択のジレンマ

　私たちはもっぱら私的利益を追求するという考えに基づけば、関係者の課題フレーミングは、解決されるべき社会課題を公益的観点から理解するというより、関係者ごとの固有の利益フィルターを通した利益確保・損失回避に関心が向けられることになる。水俣病特措法については、特に分社化に関する関係者のフレーミングに差異が見られるが、それは分社化における重要な特例措置に起因する。

　1つは、特定事業者（現チッソ）は、株主総会の特別決議を経ることなく裁判所の許可を得て、資本金の減少や事業会社（JNC）への事業の譲渡を行うことができることにある（水俣病特措法10条）。これは、1970年代初頭に水俣病被害者やその家族、支援者などが1株株主運動を展開し、現在、チッソの株式の約74％を個人株主（2010年3月末）が保有していたため、株主総会による承認は容易ではないことから設けられたものと考えられている。

　もう1つは、前述の詐害行為取消権、否認権の適用除外規定である。これは、債権者（認定患者等）がその利益を保全するために、事業会社に譲渡された財産を特定事業者に回復させる（分社化を阻止する）権利行使を避けるための規定である。

　いずれも「一般法によっては得られない特別な権限を水俣病の加害企業に付与するもの」である（松田2010）。しかし、多額の負債を抱える企業や債務超過によって倒産する企業は少なくない。同法は、なぜチッソだけに特別な権利を与えて多額の資金を調達し、負債を解消することを認めるのだろうか。もしこれらの規定がチッソの私的利益追求の手段として用いられるならば、富樫（2009）が指摘するように、現チッソの清算とともに被害者に対する補償責任も消滅し、水俣病被害者の正当な権利は保護されず、憲法13条が保障する生命・自由・幸福追求権が侵害される可能性が生じることになる。

　しかし、「利益にも私的利益と公共の利益の区別があり、後者の実現も目標になりうる」（内山：1998）し、政策においてはむしろ公共の利益こそ目標とされるべきものである。私的利益の追求に任せることが、必ずしも社会的利益

を増進させるとは限らない。

　本来、政策の存在意義は私的利益追求に任せていてはうまく解消されない社会課題を解決することにあり、政策と公共の利益は切り離し難く結びついている。したがって、政策利益をすべて私的利益に還元して理解することは、政策の持つ重要な社会的側面を見過ごす危険性をはらんでいる。

　水俣病特措法の立法目的は、水俣病被害者の救済と水俣病問題の最終解決にある。新救済策とチッソ分社化は立法目的を達成するための直接的手段である。その分社化手続きを円滑に実施、実現するための（立法目的を達成するための間接的）手段が、前述の特例措置である。

　宮本（2010）は、水俣病の基本的問題点として、住民健康診断による被害の全体像の把握の欠如と水俣病の病像論を挙げているが、同法に基づく新救済策で救済を受けるべき人々があたう限りすべて救済された（同法の目的の1つが達成された）としても、水俣病被害の全容が明らかでない現状では、救済漏れはないと確定することは困難である。また、チッソが過去に製造、販売した（アセトアルデヒド同様、現在は生産を停止した）製品に対する新たな補償が生じる可能性も同じく否定できない。さらに、わが国の環境政策の基本原則とされる汚染者負担の原則との整合性や、企業の社会的責任（corporate social responsibility：CSR）の問題もある。チッソの原因者責任の消滅は、政策が持つべき公共性、公益性そのものの喪失と深く関連しているのである。

　チッソ救済のための法律というフレーミングを離れて、公共目的の実現という観点から同法を捉えると、注意すべき点は、分社化後の現チッソの解散や清算手続きに関する規定がないことである。同法は、チッソに原因者責任の消滅を義務づけてはいない。これは、「加害企業に補償の確保のための原資を捻出させる法律として完結することによって」「政府に対して、補償会社（現チッソ）の解散・清算手続きに関する指導および監督の自由裁量を与えている」とも解される（松田2010）。このことは、同法を所管する環境省が同法の目的をどう理解しどのような法解釈を行うかで、分社化の公共性が担保されるか否かが決まることを意味している。

事実、特定事業者が一部事業を継続することも、あるいは事業会社（JNC）が原因者責任を継承することも法的には可能である。さらに言えば、株式売却益金で患者補償金の積立や公的債務等の返済が終了した後、株式売却益の余剰金で特定事業者が存続することも可能であるし、他社が特定事業者を吸収合併することも可能である。水俣病問題解決のための資金捻出と企業財務の健全化という目的に限定して詐害行為取消権等の適用除外規定を適用しようとするならば、分社化の目的が達成された後には（特例規定の効力を消滅させるために）再び1つの会社に戻ることも、選択肢の1つとしてはあり得る。

原因者責任消滅の問題は、同法の構造的問題という観点からだけでなく、同法に関与する関係者のフレーミングと行動選択の問題として捉える必要がある。関係者や研究者の多くが、原因者責任の継承はチッソにとってデメリットしかないというフレーミングに基づき、新チッソは原因者責任を継承しないと判断している。

しかし、原因者責任を維持しても、チッソが経営上支障をきたす経済的損失を被らなければどうであろうか。経済的負担が伴わない、または負担が支障にならない程度であれば、原因者責任を全うすることは、企業イメージや社会的信頼の観点からみて、チッソにとって本来は最良の選択となるはずである。新救済策によって救済されるべき人々があたう限り救済されれば、事業会社が原因者責任を継承しても、再び債務超過に陥るような多額の経済的損失を被る可能性は低いと予想することも可能である。しかし、この予想をチッソが受入れるのは現状では難しい。

チッソが最善の選択をできない第1の理由は、関係者間の相互不信である。これまでチッソと被害者（団体）は、ともに相手に対して根深い不信感を持ち、双方とも最悪の場合を想定した攻撃（防御）行動を選択してきた。

第2の理由は、コミュニケーション（情報共有）の欠如である。チッソ本社と被害者（団体）はほとんど接触することがなく、両者間の情報交流は今なお乏しい。お互いが自らのフレーム世界の中で相手を想像的に理解する状況が続いている。

第3の理由は、補償対象者や補償水準、補償手段に関する関係者間のフレーミング・ギャップである。国は公健法を前提とし、紛争収束という観点から補足的な救済手段を積み上げてきた。しかし、被害者（団体）から見れば、同法の認定基準は司法の基準に合わせるべき性格のものに映る。同法によって認定されなければ水俣病患者としては公に認められず、したがって補償協定に基づく補償も受けられないからである。一方、チッソから見れば同法の認定基準が原因企業として対応すべき補償対象者を選別する基準なのであり、司法の基準は水俣病にかかる紛争事案の賠償金支払対象者を選別する基準に映る。

　このような状況の中で、被害者（団体）はチッソや国が被害者を見捨てるのではないかと考え、チッソは被害を主張する人達（団体）から法外な被害補償（紛争解決金）を要求されることを恐れる。チッソには、企業倫理上問題がある行動がもたらす損失より、原因者責任を継承した場合の損失の方が大きく認識されるのである。

　表3-1は被害者とチッソの利得を例示したものだが、この表が示す重要な点は、信頼関係のない状況下では被害者が「譲歩」しようが「拒絶」しようが、いずれの場合もチッソは被害者の要求を「拒絶」する選択した方が「最適な選択（支配戦略）」となることにある。

　この利得表にしたがえば、チッソは被害者の要求を「拒絶」し自らの主張を通すことが唯一有効な対抗手段に映る。被害者にとっても同様であることから、双方とも相手の要求を「拒絶」することが支配戦略になる。双方が「譲歩」し合えば一定の利益を得ることができ、これが全体として「最適な選択」となるが、双方が「拒絶」を選択して決着した場合にはお互いに損害を受けることになる。実際、1つの交渉が終わっても双方とも結果に満足することはなく、むしろ相手に対する不満や恨みが蓄積され、それが不信や対立関係を深化させてきたのである。

　表3-1では、自己利益の最大化を目指す合理的行動と、社会として最適な選択がなされることが同時には達成できないジレンマが生じている。しかし、

表3−1　被害者とチッソの利得表

チッソ ＼ 被害者	譲歩（協調）	拒絶（対立）
譲歩（協調）	①＋20，＋20	②−40，＋40
拒絶（対立）	③＋40，−40	④−20，−20

出典：著者作成

　このような消耗戦的なジレンマ・ゲームの繰り返しは、結果として双方に膨大なサンクコスト（埋没費用）をもたらすことになる。

　水俣病問題の真の解決とは、すべての関係者が水俣病に決着をつける（それぞれ一定の納得をする）、地域における共生が修復され、関係者がともに和やかに暮らせる地域が実現することである。このような地域社会を実現するには、ゼロサム的な対立関係からプラスサムの協調関係への転換が求められることになる。そのためには、まず原因者が協調行動に転じる、自ら出向いて被害者の話を聞く、回避から接近への行動志向性の転換が、いつかは求められることになる。誠意ある態度が問題解決に重要な役割を果たすのである。

　このような観点から言えば、2004年最高裁判決及び水俣病特措法は、行政の認識フレームや行動志向性の転換を促す契機となった。例えば、これまで地元対応を熊本県に任せていた環境省の副大臣、事務次官、関係課職員が、公式・非公式に被害地域を足しげく訪ね、被害者（団体）や地元関係者と直接コミュニケーションを重ねるようになった。小林光事務次官（当時：のちの参与、慶大教授）は次官在任期間中に40回以上水俣を訪れ、被害者を始め地元の人たちの中に入っていった。その結果、被害者（団体）の環境省に対する認識も徐々に変化し、現在では被害者支援団体、市、環境省、市民が一体となった地域活性化に向けた取り組みも行われるようになっている。以前は想像することさえ難しかった大きな関係の変化である。

　確かにチッソのフレーム・モデルでは、分社化に伴う原因者責任の消滅は正当化される。しかし、被害者のフレーム・モデルでは、そのような事態になった場合には徹底して闘う（訴訟も辞さない）行動選択が適当となる。状況を

冷静に観察するならば、原因者責任の消滅を強行し、再び対立関係の深化と紛争状態の生起を促すことは、被害者（団体）にとって苦難の道が続くだけでなく、チッソにとっても水俣病の桎梏から真に解放されることにはならないだろう。

解決に長期間を要する政策課題では、関係者の課題の捉え方や因果ストーリー、他の関係者の行動志向性や行動選択に関し、様々な出来事や事件を通してそれぞれに異なる強固なフレームが形成されやすい。発生から半世紀を経た水俣病関係者のフレームはきわめて強固であり、そこには他の関係者への深い疑心や不満が蓄積されており強固な対立関係が見られる。

被害者（団体）の主なコミュニケーション手段は、要求、要望、陳情行動であり、それ以外にチッソや国が被害者（団体）と情報交換や協議の場を持つことは、考えにくい状況にあった。そのような中で異なるフレームの衝突が繰り返され、それが妥協を許さない厳しい紛争を助長してきたとも言える。不信と対立、征服か服従かといったゼロサム的な関係の中で、長い時間と関係者の膨大なエネルギーが費やされてきたのである。

しかし、社会が相互依存によって成立している現実を踏まえれば、特定の関係者の利益だけではなく、すべての関係者の協調的譲歩や共通利益を視野に入れた協働への努力が求められることも確かである。

長期間紛争が続く社会課題の解決は、すべての関係者にとって切実な願いである。ゼロサム・ゲームからプラスサム・ゲームへの転換、あるいは協働的合意形成（mediation）という視角から、事実認識や政策課題のリフレーミングを促進する具体的取り組みが求められている。

水俣病被害者、被害者支援団体、非被害者（一般市民）、チッソ、行政（国、県、市）の複雑な軋轢は長く続いたが、対立から協働への道を拓く1つの契機を作ったのが「みなまた環境まちづくり研究会（2010）」であった。同研究会は、各分野の専門家を集めた会議体であり、座長を務めたのが東京大学大学院教授の大西隆（後の日本学術会議会長）であった。

水俣市に高等教育・研究機関を誘致する試みは、今から30年前に遡る。

1986年、研究者らが中心になって「水俣大学を創る会」を結成し、環境・福祉問題の学問的な調査・研究・解決方法の探求を課題とする「水俣大学設立構想」の実現に腐心した。しかし、資金不足や地元住民の合意が得られなかったことから頓挫している。1990年には、国土庁（当時）、熊本県、水俣市の委嘱を受けて「水俣地域学園都市・地区基本計画策定委員会」が設置され、現在のエコパーク周辺を中心に教育・研究・リゾート施設の整備を図る「みなまた環境アカデミア構想」が策定された。また、1995～1996年にかけては「医療系高等教育機関設置構想」が検討されたが、資金や教員確保が課題として挙げられ、大学・研究機能を形成するには至らなかった。

同研究会の提言は、その後水俣市の5つの市民円卓会議に引き継がれたが、「環境大学・環境学習」円卓会議では、市民、水俣病支援団体、行政、研究者が実質的な構成メンバーとなり、環境をキーワードとした高等教育・研究機関実現へ向けての取り組みが続けられた。同円卓会議の特徴は、これまで厳しい対立関係にあった被害者支援団体関係者と行政との協働的合意形成が実現した点にある。吉永利夫（当時：環不知火プランニング理事長）や遠藤邦夫（水俣病センター相思社理事）といった、かつて行政を厳しく糾弾した闘士たちが、構想実現に向けて最も積極的に環境省や水俣市に協力したのである。

みなまた環境まちづくり研究会の提言から6年後の2016年5月、高等教育・研究活動および産学官民連携の拠点として「水俣環境アカデミア」が開設された。施設は、環境省や熊本県の協力を得て旧県立水俣高校の実習棟を改修したものであり、初代所長には古賀実（前熊本県立大学学長）が就任した。環境被害地域の復興には、地元関係者の協働関係の再構築が不可欠であることを示す一例である。

第4章

環境被害の教訓

　水俣病は、多くの教訓を黙々と残してきた。しかし、では教訓とは何かと問われた場合、私たちが即答できることは驚くほど少ない。本章では私たち市民が環境被害に対してどのような認識を持ち、どのような行動選択を行うべきかという観点から水俣病の教訓を考えてみたい。

1　再起現象

　水俣病は、環境被害に共通して見られる社会現象を先んじて世に訴えているが、環境被害の特徴的な現象は次のとおりである（宮本：2007、除本：2011）。

(1)　事後的には金銭的補償が不可能な、絶対的・不可逆的被害を含むものである。

　有害物質の生成は比較的容易な一方で、体内から有害物質を除去する方法や、損傷した細胞や生体機能の再生は現代の科学技術では難しい。失われた生命の復元は不可能であり、破壊された生態系や自然環境の復元も同様である。

(2)　被害は生物的弱者から広がる。

　福島第一原発事故でも、発生後しばらくは植物や魚介類の高濃度放射性物質の蓄積が報告されていたが、有害物質による人的な環境被害の前兆は動植物の異変として表れる。例えば、有機水銀が海に流出した場合、プランクトンから小型魚類、大型魚類と生物濃縮が進み、海水時の濃度の1万〜

10万倍に濃縮される。食物連鎖の頂点にいる人間では、まず抵抗力の弱い子どもや高齢者、別の要因で健康を害している人たちから被害が広がることになる。特に胎児への影響が大きいことから、厚生労働省では妊婦の有機水銀の過剰摂取を抑えるため、例えばクロマグロ、メバチマグロ、メカジキ、キンメダイなどは週1回（80g）以内にとどめるよう注意を呼びかけている。

また、アメリカ・オンタリオ湖のPCB汚染では、植物プランクトンで250倍、動物プランクトンで500倍、マスで280万倍、カモメで2,500万倍の生物濃縮が確認されているほか、オンタリオ湖の魚類を食べていた母親から生まれた新生児には、自律神経の異常が認められている（コルボーン・マイヤーズ・ダマノスキ：2001）。

(3) 被害は社会的弱者に集中する。

過去の環境被害の多くは工場から有害物質が大気や河川、海に排出されることにより生じたものだが、生活環境に難がある工場地帯周辺には地代や家賃の安さから所得の低い人たちが多く住んでおり、その人たちが被害者となった。また、地方に立地した工場では、工場周辺で農業や漁業を営む一次産業従事者が主な被害者になった。いずれの場合も所得が低く転居や転職が困難で、環境が悪化してもそこに住み続けなければならない人たちがほとんどであった。他方、所得の高い人たちは生活環境が良好な地域に住むのが普通である。仮に工場の近くに住んでいたとしても転居するだけの経済的余裕があり、結果的に社会的弱者に被害が集中する現象が生じることになる。

過去の環境被害では、経済的貧困に加えて新たな経済被害、健康被害が加わり、被害者だけでなく家族全員が厳しい生活苦に追い込まれたケースも少なくなかった。自然災害や今回の福島第一原発事故被害も、一義的には地域に住む人に等しく降りかかる被害だが、結果として社会的弱者に被害のダメージが長く深く残ることになる。

このほかにも、水俣病で典型的に見られ、その後の環境被害にも共通し

て見られるいくつか重要な現象を見出すことができる。

(4) 環境被害は「予想外の事件」として発生する。

　有害物質を利用する経済活動には環境リスクがつきものだが、原因者から見ればその時点で必要と考えられる予防措置やリスク対策は、（実際に十分かどうかは別にして）取っているのが普通である。公害を含む環境被害は、原因企業だけでなく関係分野の研究者も、そのような深刻な事態が現実に起きるとは予想し得なかったケースも少なくない。水俣病の場合は無機水銀の有機化という当時の科学的知見にはなかった化学変化が原因であり、福島第一原発の場合はこれまでの地震学の知見を超えた津波によって生じた事故である。

　もちろん、被害発生後であれば見通しの甘さや過誤を指摘することはできるし、それを将来に活かすことも可能である。しかし、私たちが未来をすべて予見できない以上、環境被害の発生を完全になくすことはできない。

(5) 有害物質による汚染状況の正確な把握や、完全な回収、処理は困難である。

　水俣病の場合もメチル水銀が水俣周辺海域をどのように汚染したのか、その実態は不明である。高濃度のメチル水銀で汚染された水俣湾については、水俣湾の一部を水銀ヘドロの埋立地として上からシートで覆って封じ込めるやり方が取られたが、シートの下には大量のメチル水銀が未処理のまま残されている。福島第一原発事故で放出された放射性物質は大気循環や海流によって広域に拡散したが、汚染状況の正確な把握は困難であるし、完全な回収はもとより不可能である。大気や水域汚染に関しては、拡散による希釈効果に期待する以外に有効な方法がないのが現状である。

(6) 生体系への影響の実態把握は難しく、因果関係の立証も難しい。

　汚染状況だけではなく、人間を含めた生物に対する影響も正確な把握が難しい。環境被害発生初期は、その原因が不明であることも多く、加えて化学物質が人体に与える影響に関する知見も総じて乏しい。水俣病でも被害者が摂取したメチル水銀総量は不明であるし、一方で典型的症状以外に

も多様な症状を呈することが確認されている。顕著な症状を呈する被害者を除けば、有害物質を誰がいつどの程度摂取したのか、それが及ぼす人体や生物圏、地球環境への影響について把握することは容易ではない。福島第一原発事故においても、すでに地域住民の被ばく放射線量を正確に把握することは困難になっている。また、20年後、30年後に長期低線量被ばくによってどのような健康障害が生じるか不明であり、遠い過去にさかのぼって因果関係を解明することにも大きな困難が伴うことになる。

(7) 政策対応（被害拡大防止、環境修復、被害者対策）は遅れる。

政策は、望ましいと考えられる社会と現実社会との間に放置すれば適切に解消されないギャップがある場合、そのギャップを埋めるために新たな社会秩序（制度）や財サービスを供給することが使命である。したがって、立法府や行政府が政策課題として認識しない限り、実現化しない事後的性格を持つものである。もちろん、環境被害が十分予見される場合には予防的措置が取られるが、重大事故をゼロにすることは困難である。その場合に重要となるのが、生じた環境被害を最小限に抑えてすみやかに環境修復や被害者対策を実施することだが、いずれも遅れる傾向にある。

1950年代から全国で公害が発生したが政策対応は容易には進まず、いわゆる公害国会（1970年）においてようやく公害関係14法案が成立している。政策対応の遅れは環境被害の深刻化をもたらす。水俣病はすでに1950年前前半には異変が地元で問題化していたが、メチル水銀の排出を規制する法令はなく、経済企画庁（当時）が排出規制を始めたのはその16年後（1969年）のことであり、結果として被害は大きく拡大することになった。

1970年代以降、公害の教訓を踏まえ、水俣病発生当時に比べて環境リスクに対する制度的充実が図られてきた。しかし、予想外の環境被害が生じた場合、問題が深刻化した後の政策対応のタイムラグは欧米に比べて長い。

(8) 被害者・原因者間の紛争は長期化する。

因果関係の立証困難性や被害者救済制度の不十分さに加え、原因者の対立的、非協力的行動により、被害者の救済は容易には進まないのが普通で

ある。したがって、被害者は唯一残された司法的解決に頼らざるを得ないが、訴訟による決着には長年月を要する。水俣病では1969年に第1次訴訟が提訴され、その後も多くの訴訟提訴がなされたが、一応の司法的決着を見たのは35年後の水俣病関西訴訟の最高裁判決（2004年）であり、現在も複数の訴訟が係争中である。

　福島第一原発事故では、原子力損害賠償紛争解決センターが被害者と東京電力との仲介業務を行っているが、対立する利害の調停は容易には進まない。これまでの例では、多くの被害者は被害発生からしばらくの間、原因企業との交渉や既存制度に基づく救済手続きを試みるが、その後は集団訴訟に移行するケースが多い。福島第一原発事故の場合には、被害地域が広範囲であり被害者数も多いことから、事故当初から相当数の訴訟が予想されていたが、それは現実のものとなりつつある。

2　社会的要因

　人間には失敗から学ぶ能力があるが、水俣病は半世紀を経ても解決せず、またその後も深刻な環境被害が繰り返し起きている。なぜだろうか。それは、環境被害が容易には変え難い人的、制度的要因によって生じるからである。

　人的要因とは、私たちの不完全さに由来するものである。私たちは正しい行動選択をしたいと思っているが、実際には長期的利益より短期的利益、社会的利益より私的利益に目が行きがちであり、立場の利益にとらわれがちであり、自分を正当化しがちであり、嫌なことや都合の悪いことからは逃げがちである。自分の不完全さを忘れて、相手の不完全さを非難することもある。しかし、もし誰かが社会正義に反する行動を取れば、私的利益から見れば不合理なコストを払ってまで、相手の態度を正そうとすることもある。このような行動選択の違いは、私たちの価値観、置かれている状況や関係者の態度、物事に対する理解などの違いから生じるものである。

　言い換えれば、偶然に人非人だけが原因企業や行政の担当課に勤めているわけではなく、私たちの誰がその役を担っても同じような行動を選択するそ

れなりの理由があり、一方で、私たちの誰が被害者になっても、過去の環境被害者と同様の行動を取るもっともな理由があるということだ。

制度的要因とは、存在する制度の構造や拘束力に由来するものである。なお、ここで言う制度とは、私たちの行動に影響を与える明示的、黙示的ルールを指している。森 (2000) は、環境政策領域における「紛争」の説明においては、関係者の利益だけでなく、制度にも注目した分析が有効だと指摘したが、必ずしも社会的権力を持つ者が制度を都合よくコントロールできるわけではない。水俣病の経緯を見ればわかるように、制度は社会の中で独立して様々な拘束力を発揮し、関係者の資源、利害、フレーミングや行動選択、関係者間の関係や政策内容など広汎に影響を及ぼすものである。

環境被害は人と制度の相互作用の中で生成され、拡大、深刻化していく。環境被害をもたらし、あるいは解決が容易に進まない状況を生み出す主な要因をあげれば次のとおりである。

(1) 市場経済主義

第1に、人間社会システムの基本的な行動原則として、私的利益の最大化を奨励する市場経済主義が深く定着しているからである。私たち市民のほとんどは極端な利己主義者でもなければ極端な利他主義者でもなく、利己心と公共心 (利他心) を併せ持つ市民である。自分の利益が減少することを承知で利他的に行動することもあるし、自己利益だけでなく社会的利益にも重要な価値があることを知っている。しかし、市場経済主義は私たちの利己的行動を正当化し、利益の争奪を奨励する。

私たちは豊かさを享受するために様々な財サービスに関心を持ち、生産者も市場価値の高い財サービスを競って生産、販売する。しかし、経済活動の過程で生じる廃棄物は、消費者にとっても生産者にとっても面倒なやっかいものに映る。私たち (消費者、生産者) は、パソコンやスマートフォンの使いやすさには関心を持つが、どのような有害物質が含まれており、廃棄すればどのような環境被害が生じるかといったことには関心が薄い。

私たちの中でも企業幹部に登りつめた人たちは市場経済主義の先導者であり、あらゆる機会を通して自社利益を追求し、ライバル企業や同僚との競争を勝ち抜いた市場経済の勝者である。誰しもそうだが、これまでの成功原則を否定する価値観や行動選択は、容易には受け入れ難いものである。
　また、原因企業の社員や経済的恩恵を受けている地域住民も、私的利益に束縛されることになる。チッソ水俣工場に働く人たちは水銀が排出されていることを知っていたが、職を失うことを恐れ、あるいは恩義ある会社を危機に追い込むことをためらった。企業城下町であった水俣の多くの市民も、チッソではなくチッソを糾弾する被害者を疎ましく思ったのである。置かれる立場は違っていても、瀬戸際に立たされればわが身を優先してしまう私たちの素顔がそこにある。

(2) 科学技術の限界

　第2に、科学技術の偏向的発展とその限界があげられる。特に、経済活動と密接なかかわりを持つ科学技術分野では、経済的利益を誘発する（利用価値の高い）科学技術が優先され、使用リスクに対する技術開発は遅れている。また、科学技術の進歩は確かに目覚ましいが、それでも環境被害の全容を解明し、あるいは自然環境や私たちの心身を以前と同じように復元することはできない。
　科学技術は人間社会に豊かさや利便性を提供するとともに、いつどこで何が起こっても不思議ではないリスクを併せて提供するようになった。リスクがいつ現実のものとなるか、その確実な予見は困難である。例えば福島第一原発事故が起きた時、私たちは運悪くその日の風向きで放射性物質が降下してきた地域に住んでいたのであり、偶然東京電力や原子力発電に関わる会社に勤めていたのであり、たまたま環境省や地元自治体の担当課に異動していたのであり、幸いにも関係者にはならなかったに過ぎない。見えない不確実性の被害者となるか加害者となるかは、私たち個人が事前に選択できないという意味でめぐり合わせである。

また、研究者の限界もある。環境被害ではまず有害物質の健康への影響が問題になるが、研究者は自説を個人として表明するのが普通である。多くの市民は、例えば学会が統一した科学的見解を取りまとめて社会に提示することを期待しているのだが、それが難しい。学会に対する理解は、市民と研究者とではかなり異なっている。企業は組織で競争するが、研究者は個人で競争する。組織的な意思決定に基づいて構成員が行動する企業や行政組織とは違い、学会は共通の関心を持つ人たちの任意の集まりに過ぎない。学会は自説を主張し、自らの研究上の地位や影響力を確立するための空間である。また、学会の専門分化も進んでいる。環境問題に対する学問的アプローチも多様であり、東日本大震災や福島第一原発事故に関して、医学分野だけでも70を超える医学系学会から何らかの声明や情報が出されている。

　また、研究者の社会的責務に関しても、市民と研究者の間には認識のギャップがある。私たちに何か問題が生じた時、自分の知識・技術だけで解決できない場合は、いわゆる専門家に頼ることになる。もし、健康診断でがんが見つかれば病院に行って治療を受ける。医師は症状にあった処方箋を考え、実際に治療する。専門的知識、技術を持つ専門家として、問題解決の当事者となり社会的役割を果たしている。人間社会で職業の専門分化が進んだのは、人間社会を効率的かつ円滑に維持、発展させていくために必要だからである。したがって、例えば福島第一原発事故被害に関して、放射性物質被害に対する処方箋を継続的に提供し、その解決に主体的に関わるのが研究者の社会的使命だと考えるのが市民である。

　しかし、政府の審議会、委員会委員を拝命する人たちを始め研究者の大半は、科学的根拠に基づいた知見（情報）を社会に提供するのが使命であり、それをどう社会が使うかは政治や行政、市民の問題だと考えている。研究者は社会問題を解決する当事者ではなく観察者、第三者であり、研究者の社会的使命は専門的見地から参考意見を述べることにあるという整理である。しかし、これは医師が患者に病状の説明をし、個人的見解を述べたうえで退席するのと同様の行為である。一部の市民から、審議会や委員会委員が御用学者

との批判を受けるのは、会議でどのような個人的意見を述べたとしても、最終的には事務局の答申案を支持し、オーソライズ（権威づけ）する役割しか果たしていないように見えるからである。

唐木（1980）は「研究への没頭と倫理観の欠如」と評したが、研究者は社会的責任に関して無関心過ぎるように市民には映る。その問題に関して最も詳しい知識を持つ者が、最も過ちの少ない判断を下すことができると考えられるからである。しかし、水俣病の場合も原因究明の中核となるべき化学者は参加せず、またチッソ支援を研究テーマとして取り上げた政策研究者もほとんどいなかった。福島第一原発事故直後には多くの原子力研究者がマスコミに登場し発言したが、ほどなく姿は見えなくなった。医学系学会の低線量放射線被ばくに関する情報提供も多くは事故後2〜3ヶ月までであり、以降は途切れてしまった。研究者は、専門性と中立性を兼ね備えた重要な社会資源だが、環境被害が深刻であるほど、研究者は紛争の関係者、当事者となることを避ける傾向にある。

(3) **政局政治と立法**

第3に、政局政治への偏重と政策政治の不在があげられる。環境被害は立法府の政策形成機能、すなわち政治の動員力が弱い社会課題である。そのため、必然的に行政に頼ることになり、結果として行政の対応が問題解決に大きな影響を及ぼしてきた。

政局に埋没するわが国の政治は、私たちの政治的無関心を温床として社会に深く根づいている。日本人は政治への参画意欲が薄い、国際的にも珍しい民族である。プリンシパル（市民）がエージェント（政治家）を放任してきたので、エージェントは私的利益の最大化（権力の獲得等）に没頭することができたとも言えよう。国会で飛び交うヤジや怒号は聞くに堪えないが、そのような人物を選挙で選んできたのは私たちである。

これまでの環境被害研究では原因企業と行政に批判が集中しているが、これは政策の大半が官僚の手によって立案され、実質的な政策決定権を官僚が

握っているという事実認識からきている。確かに、政治争点化した案件を除けば国会で詳細な論議が行われることは少ない。わが国の立法府（国会議員、地方議会議員）の政策立案能力については以前から指摘されてきたことだが、十分な政策スタッフがいないわが国の政治家には、多数の政府提出議案の詳細を官僚と同様のレベルで分析、検討することは物理的に困難である。

また審議案件が多く、特定の案件が与野党の政争の具として取り上げられると、多くの審議時間が与野党の政治的駆け引きに費やされることから、ほとんど実質的な審議を経ずに可決される案件も少なくない。私たちの日常生活を左右する多くの政策は、国（官僚）によって立案、決定されているのが現状である。水俣病の場合も、熊本県は国（官僚）の立法機能が発揮されるための環境整備に長く腐心した。

このような現状から、環境被害については行政の責任追及が中心課題となり、司法や研究者の社会的責務に関する議論は散見されるものの、立法府や政治家の社会的責務は日本には存在しないような扱いがなされてきた。しかし、水俣病のような環境被害、健康被害の多くは、そのような事態を想定した法令規則がなかったという意味で、本来的には政治（立法）領域の問題である。また、水俣病に関する政策過程の節目では、立法府（政治家）が政策形成を促進する引き金（trigger）となっていたことも確かである。患者県債発行の契機となった、国が直接認定業務を行う臨時措置法は自民党の議員提案であったし、1995年の与党三党合意をもとに行われた患者団体との全面和解による紛争状態の終結も、村山首相の指示という政治主導によってもたらされたものであった。チッソへの抜本的支援策についても、自民党水俣小委の動きが1つの契機となって策定に至っている。

政治家は他の関係者と違い、立法府の構成員として政策を立案、決定する制度的権限を持っている。仮に国が政策課題を放置しても、議員提案で国会に法案を上程することができる。国会で承認されればその政策の執行責任を国、すなわち官僚が負うことになる。ここに至って官僚は自ら執行することを前提に、政策立案、形成者として政策課題に向き合うことになるのである。

では、官僚優位から政治家優位の体制になればすべてがうまくいくかといえば、必ずしもそうはならない。一部の政治家を除けば、環境被害に関して深入りはせず中立的立場を取るのが政治家の一般的傾向である。水俣病問題についても、真剣に取り組む政治家はほとんどいなかった。政治家にも党利や選挙区から選出された政治家としての利害がある。福島（1997）は、水俣病問題にかかわることが政治家にとっては「火中に栗を拾うだけ」であるとして、与党自民党の国会議員で本格的にこの問題に首をつっこもうとした議員は皆無といっていい状況だったと回顧している。また「私自身この課題に奔走しその解決に努力したものの、その結果は水俣における得票数は衆議院議員6期の議席を重ねる選挙の都度減少するという、まさに火中に栗を拾い火傷を負い重荷を背負わされただけであった」と述懐している。

　このような政治的リスクを伴う政策課題について、政治家が関与することをためらい、あるいは中立的態度を取る原因の一部は、政治家に影響力を持つ企業や団体、選挙区の私たちが作り出している。利害対立が激しい課題については特にそうである。実際、私たちは自己犠牲を伴う社会的利益ではなく、自らや自らの所属する集団の特定利益の保護を行政や政治に求めがちである。それが当然の権利であり、その要求を実現するのが政治家の果たすべき使命だと考えるからである。

(4) 行政組織と官僚機構

　第4に、環境被害への対応に関する行政組織の性質的、構造的問題がある。環境被害の対応責任は一義的には原因者にあり、被害者への補償についても（原因者と被害者間の）民事問題と位置づけられる。したがって、行政の対応は、被害への応急的対応や原因者の環境修復や被害補償能力が不十分な場合の財政支援などに限られてきた。もし環境被害の対応責任を（原因者ではなく）行政が率先して担うとすれば、オルソンが指摘したように必要なコストを支払わずに利益だけを享受する「フリーライダー」が急増し、結果として生じたコストは税金という形で市民に転嫁されることになる。社会秩序維持の観点か

らも、環境被害にはまず汚染者負担の原則が適用され、放置していては問題が解決されないことが明らかになった段階で行政の政策的関与が開始されることから、必然的にタイムラグが生じることになる。

　行政の政策対応を知るには、まず行政が対応すべき社会課題をどうとらえているのかという課題フレーミングを理解する必要がある。これは、行政内部で初めに行われる検討作業であり、その後の対応に決定的な影響を与えるものである。官僚にとっての利益は、組織の維持、拡大、時には保身のために権限の拡大や予算獲得、あるいは面倒な政策課題を放置するといった見方が一般的である。確かに、私的利益、組織利益を優先する場合もあるし、中にはいつもそれらの利益を追求する者がいることも、他の組織と特に変わりはない（ダウンズ：1975）。しかし、利益にも私的利益と公共の利益の区別があり、むしろ官僚は後者の実現を目指そうとし、公共的観点からどのように対応すべきかという議論が行政内部で日常的に繰り返されていることも事実である（内山：1998）。官僚に限らず私たちは、物事を利己心と公共心の両面からとらえている（伊藤・田中・真渕：2000）。

　ある社会課題に対して行政が何らかの対応を求められる場合、行政組織において必ず検討される3つの基本的な事柄がある。1つは公共の奉仕者たる行政が対応すべき課題かどうかということであり、もう1つは組織や個人の利害得失の観点から対応が望ましいかということであり、そして保有資源（財源や権限等）で対応可能かどうかということである。

　特に問題となるのは、組織・個人的利益や対応の難易度、社会的利益と必要な投入資源などの観点から、直接対応することに積極的価値が見出せない場合である。例えば、社会的には取り組む必要がある政策課題だが、既存の制度や政治的制約、厳しい利害対立が存在するために、現実的政策の立案、決定に困難が伴う場合や、省庁間の調整が難しい場合などである。快楽原則からいけば後ろ向きで苦労ばかりが多い、可能であれば避けたい課題については回避行動が選択されやすい。

　行政は政策執行者と政策形成者という2つの顔を持っているが、積極的価

値が見出せない政策課題については、現行制度での抜本的対応は困難との制度解釈を根拠に、政策執行者としての立場への「引きこもり」が選択される傾向にある。このような選択が可能となるのは、法令解釈や政策立案、決定について、ほぼ独占的な裁量権を行政が持っているからである。行政が政策執行機能に執着する場合、単に政治家を含む関係者が課題を解決すべきと主張するだけでは、制度に精通している官僚の反論を覆すことは困難である。また、現行制度では対応できないために社会争点化した課題を、現行制度の枠内で議論を重ねたとしても、最終的には対応困難という結論になるのが普通である。

また、何らかの対策を講じる必要がある場合でも、対症療法的対応や対策の継続検討という形での抜本的対応の先送り、あるいは課題解決をほかの行政機関（地方自治体等）の職務として転化するといった対応がなされることが多い。

さらに、日本の場合は各省庁が分立割拠していることから、迅速な意思決定が容易ではない。舩橋 (1993) は次のように指摘している。「環境庁は1つのジレンマにぶつかり続けてきた。環境政策の理想を実現するような厳しい制御努力を法案として準備しても、政府内の各省庁との折衝において合意を形成できず、政府案としてとりまとめることができない。他方で、政府案を形成するためには、他の省庁の反対に対して妥協を積み重ね、環境政策の内容をより消極的なもの、場合によっては骨抜きにされたものにせざるを得ない。」

環境庁（省）は 1972 年に設置された組織であり、権限も他省庁に比べ強いとは言えない。水俣病をめぐる議論において、環境庁がいつも切迫した状況になってから案を出してきたのは、そのような状態にならないと大蔵（財務）省の了解を取りつけられなかったという霞が関の事情もあった。

環境庁の官僚として水俣病問題と関わりを持った橋本 (1999) は、「石油化学工業育成計画と日本の地域工業化による高度経済成長の時代に発生した、重大な深刻な産業公害を巡る科学的因果関係究明に偏した行政・政策の方針

と、各省の所管権限をめぐるセクショナリズムのもたらした大きな失敗である」と、水俣病問題にかかる省庁間の利害調整の困難さを述懐している。大蔵官僚経験を持つ福島知事（当時）も、被害者団体との和解や抜本策といった水俣病問題の解決には、政治的圧力が加わらねば役所ベースでは解決しないと官僚の限界を予見していた。

(5) ガバメント型統治システム

　第5に、日本の伝統的な中央集権的統治システムの問題がある。ガバメント型社会ではエリートによる統治を基本とすることから、権限や財源、政策関係情報はもっぱら中央（国）で集中的に管理、統制される。政策プロセスも閉じられておりブラックボックス化している。その結果、地方自治体は市民の意思を反映した行政機関というより、国が決定した政策の実施機関として位置づけられることになる。

　日本では権限と財源の両面から国による地方統制が行われてきた。権限統制の代表例はかつての機関委任事務（現在の法定受託事務）である。公健法に基づく水俣病の認定業務もそうだが、機関委任事務は明治以来、国の地方統制手段として定着していたものであり、日本における中央集権の象徴的制度でもあった。これは「組織形整」と呼ばれるもので、指導、監督権を何らかの形で留保しつつ、例えば政策の実施部門を切り離して別の組織にさせる、あるいは波乱含みの仕事をしている部門を切り離して別の組織に処理させることを意図したものである（伊藤・田中・真渕：2000）。つまり、国が行うこととされている事務の執行を地方自治体の長に法律や政令で委任し、委任された長は国の実施機関として事務を執行するもので、地方議会による審議権・監査権が及ばないものである。この事務により、都道府県は国の出先機関としての性格を強く持つとともに、地方自治体としての行動は大きく制限されることになった。

　機関委任事務は、本来は国が行う事務なのだが、例えば地域の実情に精通していることが事務執行に求められるといった、地方自治体に事務を委任す

る合理的理由があることを前提としている。言い換えれば、地方自治体では事務処理が量的、質的に困難な場合、あるいは統一的な判断による執行が求められる事務は、国が直接処理を行うことが望ましいものである。しかし、国が統一的取り扱うことが適当だと考えられる業務が地方におろされることも少なくない。例えば、水俣病の認定事務は、県単独での処理には量的な限界があり、また各県（熊本県、鹿児島県、新潟県）で認定判断が一致しない事態が問題化したように、判断基準が特に争点となっていた。さらに、申請者も全国に及んでいたことから、公害発生地域の自治体ごとに独自に処理する事務というより、むしろ国が統一的に処理することが適当な性格を持つものだった。

しかし、環境庁は、汚染された地域の状況を最も把握している都道府県知事が行うことが望ましく、国が直接認定業務を行うことは適当ではないという姿勢を崩さず、環境庁職員が現地に出向くこともほとんどなかった（熊本県環境公害部総務課：1995）。結局、被害者（団体）からの激しい要求を県と認定審査会が受け、国の主張を代弁する状況が続くことになった。1977年3月に熊本県議会は、国は水俣病の認定審査というきわめて厄介な事を県に全面的に押しつけているとして、水俣病認定業務の返上決議がなされる異例の事態にまで発展したのである（福島：1997）。

また、県債方式によるチッソ支援は、環境庁が立案し熊本県に提案した政策であり、法令に基づく機関委任事務ではない。地方自治体が自主的判断に基づき実施するという形式を取りつつ、実質的には国が決定権を行使するやり方は、地方自治体がその自治権に基づいて行う「団体事務（いわゆる自治事務）」において、一般化していた統制手法である。

自治事務は事務内容が法令で規定されている場合もあるが、法令に違反しない限り、自治権に基づき実施することができるとされ、国は法律に特別な規定がない限り権力的な干渉は許されず、その関与は助言、勧告（旧地方自治法245条）といった非権力的な干渉に限られていた。少なくとも自治事務については「地方自治の本旨」に基づき、自己の判断と責任で行うことができる

というのが法令上の「たてまえ」であった。しかし、実際には機関委任事務と同様のルールが適用され、各省庁からの通達や指示は強い影響力を持ち自治体行政を支配しており（原田：2001）、現在も基本的関係は変わっていない。

　国が決定したチッソ支援についても、支援措置の具体的内容は熊本県が県債を発行し、あるいは財団を設立する場合に国は所要の措置を講じるというものである。チッソ支援に関する閣議決定などでも、国が熊本県に対して「県債により貸付資金を調達するとともに新たに財団を設立し、チッソへの融資はその財団を経由して行うよう県に通達する」という、権力関係を表す文言は省略されている。地方自治体が国と結ぶ合意や地方自治体の要求の取り下げや自主的申出は、しばしば国の黙示的強制力に対する防衛行動としての自発的恭順を意味していた。

　わが国の地方分権を進めるために、国と地方の役割分担を見直し、国と地方を対等の関係とする地方分権一括法が2000年に施行され、併せて機関委任事務が法定受託事務に名称変更されたが、現実には以前と同様の意識と実務が支配している。国の地方自治体に対する関与についても、法定受託事務、自治事務を問わず実態としては変わらず残っている。

　その理由は、財源を国に大きく依存する地方自治体の財政構造に由来する。中央地方関係を財政面から見れば、総税収の約6割を国が徴収し、財政調整制度を通じて総歳出の約3分の2を地方自治体が支出する構造であり、結果として地方自治体の財政調整に総歳入の3分の1弱が振り向けられている。地方自治体は3割自治と言われて久しいが、自主財源不足は制度的に構造化されたものである。過疎地域を抱える地方自治体ほど国への財政依存度が高まる地方税制度の性格は、戦後一貫して変わっていない。また、本来ならば地方自治体がどの程度地方債によって資金調達をするかは、地方自治体が判断すればよいことだが、地方自治体の起債は今も総務省の管轄下にある。

　この背景には国家公務員数の少なさもある。図4-1のとおり、もともと日本は他国に比べて国・地方を合わせた公務員数が少ない。各州が独自の憲法と法体系を持ち独自の行財政権を持つアメリカやドイツの連邦制国家を除け

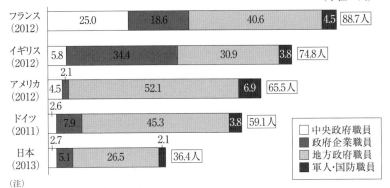

図4—1　人口千人当たりの公的部門における職員数の国際比較
出典：内閣官房（2016）「国の行政機関の定員」
〈http://www.cas.go.jp/jp/gaiyou/jimu/jinjikyoku/files/2014_03-01graph.pdf〉

ば、中央政府職員数はイギリスの3分の1、フランスの9分の1に過ぎない。例えば、行政機関職員定員令による環境省の定員は2,953人（2016年3月末）であり、アメリカの環境保護庁（EPA：約1万8,000人）とは比較にならない。環境省が日本の環境政策全体を所管し監督しようとすれば、地方自治体や外郭団体が多くの事務を担わない限り業務遂行は不可能である。

　また、バブル経済の崩壊以降、景気浮揚を目的とした財政出動が繰り返されてきたことから、国、地方自治体ともに財政はきわめて厳しい状況にある。少子高齢化に伴う社会保障費の増大とも相まって、公債依存体質に歯止めはかからず、2016年度末の国の債務（長期、短期合計）は1,000兆円（GDPの2倍以上）を超え、先進諸国の中でも突出している。国の財政難を背景に、財政的裏づけに乏しい自治事務が次々に法制化され、地方自治体に降ろされている状況にある。

　また、国と地方の役割分担と責任の明確化も、戦後一貫して指摘され続け

てきた問題である。すでに1949年の第1次シャウプ勧告以降、国が地方自治体の活動にあまりにも多く関与するため、地方自治が損なわれているとの認識から、国、都道府県、市町村の事務は、可能な限り明確に区別することを促す報告や答申が繰り返し出されている。しかし、日本の中央集権型統制システムでは、国と地方自治体の所管領域は、まったくと言っていいほど整理されることはなかった。国と地方の政策領域は、外交、防衛などを除けばほぼ完全に重複しており、また制度化された政策体系上でも国と地方の守備範囲を明確に分けることは困難である。それほど国と地方自治体の役割分担はあいまいに重なり合っている。

　水俣病問題についても、行政の責任を問う議論はこれまで幾度となく繰り返されてきた。行政の果たすべき役割を論じ、行政の対応を批判することまでは可能である。しかし、各行政機関がそれぞれ何を行うべきであったかについては、国と地方の本来的役割に関する手がかりがないために、それ以上議論が前に進まない。あいまいな守備範囲は責任の所在をあいまいにし、責任回避や課題放置の一因として作用しているのである。

3　環境被害への社会市民的アプローチ

　環境被害をどのように理解し、どのような教訓を得るかは人によって様々である。学術分野においても、環境倫理学、環境社会学、環境経済学、環境労働学、環境政策学、環境史、環境学、環境科学、環境情報学、環境化学、環境工学など多様な学問的視点から研究が行われているが、関心領域やアプローチはそれぞれ異なっている。

　環境被害に対する最も一般的なアプローチは、加害者と被害者、権力者と非権力者、強者と弱者という二元対立的な世界観の中で、原因企業や行政を非人間的、利己的な人間集団として、被害者を善良な市民、社会的弱者、受苦者として捉えるものである。そして、原因企業の非倫理的行動や行政の怠慢を批判し、原因企業や行政の責任として取り組むべき具体的行動（対策）を教訓として指摘するものである。

(1) 環境汚染の未然防止対策の徹底
(2) 迅速な初期対応
　①徹底した原因究明　②汚染状況調査　③健康被害状況の全容把握　③万全な汚染拡大防止措置
(3) 汚染物質対策
　①汚染物質の除去、処理　②汚染地域の環境復元
(4) 全被害者の救済
　①原因企業、行政の責任の明確化　②誠意ある被害補償　③全被害者を対象とした救済制度創設　④差別解消対策
(5) 汚染地域の再生、活性化
　①亀裂の入った地域住民のもやい直し　②疲弊した地域経済の活性化　③環境をキーワードとした地域づくり

　これらの教訓的提言は確かに環境被害を防ぎ、あるいは生じた被害を最小限にとどめるために不可欠な対策を指摘したものである。しかし、福島第一原発事故被害を見れば、求められる対策の多くは不十分であり、なかには事故後5年以上過ぎてもほとんど手つかずのものもある。

　これは、前述の人間社会の不完全さに由来するものである。私たちがマスロー（Maslow. A.：1998）の言うような「完全なる人間」であり、すべての現象を制御できる科学技術を持ち、あらゆる事態を想定した社会制度を備えていれば、環境被害そのものを防ぐことができるし、万一被害が生じても悲劇が訪れることはないであろう。それが、私たちが追い求めるべき理想社会ではあるとしても、現実の人間社会ははるか手前にある。

　また、これまでの提言は、いずれもガバメント型の社会統制を前提としたものである。社会で何か問題が起きると「行政（役所）が悪い」と言うのが、私たちの口ぐせである。「行政機関は管轄領域に対して『丸抱え』的な責任を負うとともに、無制限の介入可能性を留保」しており、「社会問題が起こったときに、しばしば『行政の責任』が無限定的に追及される」（飯尾：1998）。日本では立法府で議論されるべき問題だけでなく、本来は私たちが社会市民と

して対応すべき問題まで行政が対応することが、半ば当然のこととして想定されてきた。

　市民やマスコミ、研究者の行政批判の背景には、過去、現在、未来にわたって間違いのない政策を決定し実施することが、行政が果たすべき当然の責務であるという認識がある。環境被害の発生や対応の遅れを、行政（官僚）の硬直性や無責任性に求める見方は、このような行政の完全性を前提としたものである。

　しかし、私たちが期待する行動選択を行政が行うためには、必要情報に関する十分な収集・解析力、すべての社会事象に対する理解力、完全な将来予測のもとで最適な政策を立案し得る企画力と、その政策を実現化し得る行動力が前提となる。しかし、それは「願望的行政像」に過ぎず、実態は限定的な情報と分析、判断能力、そして不十分な行動力による政策対応が普通である。また、行政活動には法的根拠が必要であり、制度秩序や政策体系を無視した決断や科学的根拠のない判断に基づく政策決定は、現実問題として行政の独断では困難である。

　行政組織は、社会状況の変化に合わせて私たちが期待する機能を自動的に発揮する完全無欠のシステムではない。不完全な行政組織に対し、新たな制度を直接作る手段を持たない市民が、ガバメント型社会において取り得る方法は、潜在化した行政機能が発現するような外部環境を作り出すというものだった。例えば、チッソ支援問題で熊本県が取った行動は、まさに国（官僚）の作動環境の整備にあった。熊本県が国の自発的行動の限界を理解し、立法府（政治家）への情報提供や動機づけに苦心したことは、課題解決のためには不可欠な作業だったのである。

　ガバメント型社会では、公権力と市民は対極に位置づけられる。しかし、社会課題の解決をすべて政治や行政に委任する、あるいは公権力の統制に服する時代は終わりつつある。行政が自助、共助、公助という言葉を自ら使うようになったのは、行政だけでは社会問題の解決が困難になってきたからである。ガバナンス型社会では、まず自己決定、自己責任の尊重が原則であり、

それが難しい場合には家族、それでも難しい場合には地域で対応し、地域でも対応困難なものに限って行政に対応を委任するものである。当然ながら、行政活動に対しては市民の監視や政策プロセスへの積極的参加が求められる。対岸からの批判ではなく、政策プロセスへの参加者（当事者）として、財源を含めた実行可能な政策の提案、要求を行政に対して行う市民社会への移行である。

　ガバナンス型社会においては、環境被害が生じた際に人間社会のシステムをより望ましいものに近づける社会的努力と併せて、環境リスクを回避するための自助的対応が求められる。つまり、私たちには環境被害から身を守るためのセルフマネジメント（セルフ・ガバナンス）と、環境被害という社会課題解決のための政策マネジメント（ソーシャル・ガバナンス）の双方が求められることになる。

⑴　セルフ・ガバナンス

　セルフ・ガバナンスは、基本的には私たちの日常的な問題解決プロセスと変わらない。汎用性のあるモデルとして社会で広く使われているのがPDA（plan, do, see）サイクルやPDCA（plan, do, check, action）サイクルだが、これは「状況の把握」→「問題の明確化」→「解決策の検討」→「決定」→「実行」→「評価」→「フィードバック」を循環的に繰り返すものである。

　いつくかの留意点をあげれば、まず環境リスクのマネジメントには、コストがかかることである。相応の時間と労力、場合によっては経済的負担を伴うものである。

　また、環境被害への対応は、あくまで私たちの目的を達成するための手段である。私たちの目的とは、自分や家族が幸福だと感じる生活状況を実現し、あるいは維持することである。身の回りで環境被害が生じた場合、私たちはそのリスクに関する情報を収集し、リスクに関する定量的、定性的な分析、評価を行う。事実や科学的知見に基づく客観リスクや、不明な事柄への推測を含む主観リスクを自分なりに整理し、価値づけを行うことになる。

なお、市民は専門知識が欠けているので感情的、主観的理解になるという指摘がある。これは「欠如モデル」と呼ばれるが、このモデルでは然るべき知識、能力を持つ専門家でなければ客観的理解と判断はできない、つまり市民は無知蒙昧であるので物事を正しく理解し理性的に判断できないとされる。確かに、専門知識に乏しい私たちは憶測に頼りがちであり、片寄ったフレーミングをしがちだが、しかし物事の理解や判断が何もできない赤子でもない。仕事や日常生活で起きる様々な問題を、自らの判断と行動で切り抜けながら人生を送っているのであり、少なくとも社会を生き抜くことに関してはプロである。

　また、科学的知見とはある特定の条件のもとで成立するものであり、どのように中立的な科学的見解と言っても、そこには情報の取捨選択や何がしかの社会的価値判断が伴うものである。さらに、環境被害は特定分野の学問的知識だけで解決できる性格のものではない。学際的であり人間が生み出す複雑な社会的問題である。市民が持っている実践知は、非言語化した知識であることから軽視されがちだが、学問知と実践知はどちらが正しいかという二者択一的なものではない。それぞれに特徴を持つツールとしてうまく使いこなすことが重要である。

　セルフ・ガバナンスに関し、水俣病が私たちに伝える最も重要な教訓は、いかに原因企業や行政に非があるとしても、それでも「自己決定・自己責任の原則」は私たちに適用されるという事実である。社会的リスクに関心を持たなければ、あるいは仕事に没頭し、無心に毎日を生きているだけでは自分や家族の身は守れないことを、水俣病は痛切に訴えている。

　前述の環境被害に特徴的な諸現象は高い確率で生起するが、一市民にコントロールできる性格のものではないという意味で、所与の条件として位置づけられる。したがって、私たちに求められることは、まず「自分の身は自分で守る」という明確なリスク意識を持つことである。

　私たち日本人は欧米諸国の人々に比べて社会的依存心が強く、リスクに対する意識が低いと言われる。例えば、アメリカ、ロシアなどが保有する核兵

器は人類を何度も絶滅させることができるが、私たちは日本が戦争に巻き込まれることはないと思っているし、まして核戦争などあり得ないと考えている。日本の核シェルター普及率も 0.02％ときわめて低く、核に備えた準備は何もしていないレベルである。

　一方で、スイスの核シェルター普及率は、100％を超えている。スイスは永世中立国を宣言しており、核保有国であるアメリカ（核シェルター普及率82％）、ロシア（同78％）などより、はるかに戦争とは無縁だと考えられやすい。しかし、永世中立国であるがゆえに戦争が起こってもどこからも支援されず、あるいはどの国からも攻撃されるリスクがあることをスイスは理解している。万に一つの確率で起こるかもしれない核戦争を想定して、住宅を新築する際はシェルターの設置を義務化し、地方自治体に対してもシェルターのない住民全員が避難できる公共シェルターの設置を義務づけている。なお、スイスは皆兵制であり42歳以下の男子全員が兵として国防に当たる義務がある。国防計画ではケースに応じた政府の亡命先が検討されており、一定の資金が想定される亡命先の銀行に預金されている。

　また、食糧は安全保障上欠かせないとして、欧米各国が自給率の確保に取り組んできたことはよく知られている。例えば、アメリカでは国防上の観点から戦略作物が指定され、必要な食料を常に自国内で確保できるよう対策が取られている。

　核戦争や異常気象による世界同時飢饉は確率的にはかなり低いと言えるだろうが、これは確率（客観リスク）の問題ではなく、万一そのような事態になった場合に「取り返し」がつくかどうかの問題である。仮に核戦争が起これば、避難場所のない私たちはきわめて高い確率で死滅することになるし、仮に海外からの食料輸入が途絶えれば、1年後には日本人の約4分の1は餓死すると言われている。リスク問題ではリスクと便益のバランスを取ることが基本だが、経済合理性とは別の次元で対応すべきリスクも世の中には存在するのである。

　水俣病発生当時、地元住民が入手できる情報はきわめて少なかった。特に、

発生初期は原因不明の奇病であり、被害は避けようがなかった。しかし、間もなく被害者であり同時に最初の「発見者」でもある水俣の住民は、工場が原因であることを直感的に見破っていた（橋本：2000）。魚を食べるネコが狂死し、重篤な患者が発生する状況の中で、工場近くで獲れた魚は食べない方がいいと誰もが思ったのである。

しかし、今でもそうだが田舎には純朴な人が多い。自然の中で黙々と仕事をし、食べて寝て、また黙々と仕事をする。地域の中で自然とともに生きる世界である。水俣病認定申請患者協議会会長を務めた緒方正人（2001）は、次のように述懐している。「昭和30年代当初、『奇病』とか『伝染病』とかいろいろいわれながらも、魚を食べつづけてきた。まあ一番ひどいときには漁師の家でも一ヶ月ばかり魚を食べなかったり、三ヶ月、半年と食べる量を少なくしたことはありましたけれども、やはりこの40数十年来、毎日魚を食うことをやめなかった。」

経済の急速な発展は、地域経済と世界経済を結びつけるだけでなく、生物圏、地球の物質循環システムにも影響を与え、日常生活にも深刻なリスクをもたらしているという事実を、当時の住民の多くは本当には気づいていなかったのである。

これは、私たちの中にある社会的無関心や社会的依存心に対する警告でもある。私たちには、社会の中で生き抜くために必要な知識を収集、判断、行動する自律性と、より望ましい社会を実現するために能動的、自発的に行動する社会性を併せ持つ意識や姿勢が求められるのである。

少なくとも、私たち自身にとって取り返しがつかないことになりかねない（と私たちが思う）環境被害が発生した場合、国や地元自治体、原因企業に必要な対応を迫ることはもちろん重要だが、希望的観測をもとに彼（彼女）らの対応にもっぱら依存するのはリスクが大きすぎる。市民としての社会的行動を行う一方で、万一の事態を想定して個人としてリスクを避ける行動を取るのが賢明な選択である。

(2) ソーシャル・ガバナンス

　個人レベルでのセルフ・ガバナンスでは、既存の社会システムを外生変数（所与）として捉えたが、ソーシャル・ガバナンスでは、社会システムを変更可能な内生変数として捉えることができる。ここでは、2つの方法が考えられる。1つは、環境被害に対する政策プロセスへの市民参加システムの整備であり、もう1つは、予測不能な環境被害が発生した場合にその被害を最小限に抑える非常事態（エマージェンシー）に備えたシステムの事前整備である。

　ソーシャル・ガバナンスにおいては、どのような社会的プロセスを経て、どのような政策対応を行うことが望ましいかという、「社会的合意形成」のあり方が重視されるが、政策プロセス・マネジメントの要件としてはどのようなものが必要なのだろうか。この問いに対して、足立（2009）は環境ガバナンスに求められる要件を7つ挙げている。

(1) 政策決定・実施過程の透明化
(2) 情報開示
(3) 行政に対するアカウンタビリティの強化
(4) 政府・市場・市民セクターの政策過程への参加による政策過程の活性化
(5) 議会内での政策審議の活性化と質の向上のための議事運営ルールの見直し
(6) シティズンシップ・エデュケーション
(7) 補完性原理に基づいた分権化

　いずれも、民主主義制度が現代社会において本来機能を発揮するために必要な条件であり、その多くがエージェンシー・スラックへの対応である。市民（依頼人：プリンシパル）にとっては政治家が代理人（エージェント）であり、政治家にとっては官僚が代理人になるが、エージェンシー・スラックとは、依頼人が自らの意思が反映することを前提に代理人に委せているにもかかわらず、代理人は自分の意思を優先した行動を取ってしまうことを指している。これは、依頼人と代理人との間の「情報の非対称性（負託者は代理人が何をやっ

ているか把握できないこと)」からくるモラル・ハザードだが、(1)〜(3)は情報の非対称性を解消するための情報ルートの確保であり、特にリスクに関する双方向性のコミュニケーションが重要となる。ガバメント型社会では公権力が情報を半ば独占的に収集、管理していたが、ガバナンス型社会では情報の社会的共有が要請されることになる。

(4)の市民の政策プロセスへの参加は、依頼人である市民の意思を政策に直接反映させるための参画ルートの確保であり、ガバメント型の閉ざされた政策プロセスから社会的に開かれた政策プロセスへの転換である。(5)の議会の活性化は、党利党略による議会運営や国会討論に象徴される形骸化した議会の本来機能を回復するためのものであり、いずれも「社会的合意形成」の実質化を図ろうとするものである。

(6)のシティズンシップ・エデュケーションは、私たちに意識変革を求めるものである。政治がうまく機能しない原因は誰にあるかという調査で、多くの日本人は政治家が悪いと答えるが、アメリカ人の多くは誤った政治家を選んだ自分たちに責任があると答える。この違いは、政治の原点を市民に求めるか、市民とは切り離して政治を見るかの違いからくるものである。社会は市民によって成立しているという事実に着目すれば、最も重要なことは個人の権利や自由である。政治家に付託した権利を乱用されたくなければ、あるいは自由を侵害されたくなければ、政治に関心を持ち、政治家を監視し、自分の意思に沿わない政治家の代わりに、信頼できる人物を国会や議会に送らなければならない。

「世界価値観調査2010 (図4-2)」によれば、市民の国への期待が大きい一方で政治家に対する不信は強く、政治から疎外されていると感じている。しかし、私たちが能動的に行動しなければ、政治家や官僚がそれぞれの意思で動くのは自然の成り行きである。政治家や官僚の意識や行動選択を変えるためには、まず私たちが意識や行動改革に自ら取り組む必要がある。

(7)でいう補完性原理とは、「事務事業を分担する場合には、まず基礎的な自治体を、ついで広域自治体を優先し、広域自治体も担うに適していない事務

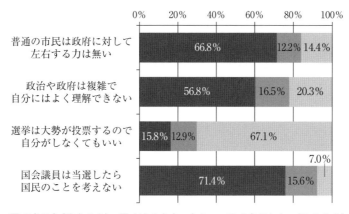

図4—2　政治と国民との距離感
出典：東京大学、電通総研「世界価値観調査2010　日本結果速報」

のみを国が担うべきである（地方分権推進会議：2004.5.12）」という行政の役割分担に関する基本原則を指している。この背景には、政府の介入はできる限り少ない方が望ましいという自由主義の思想がある。また、離れれば離れるほど現状を知らない人が対応することになり、その監視も難しくなるからである。私たちの意思は最も身近な市町村において最も効果的に実現されるという考え方は、各省庁の強い抵抗によって未だに実現していない、地方にとって長年の懸案事項である。

　これらの要件は、いずれも政治や政策過程への市民参加や監視、コミュニケーションを確保するための多元的なチャンネルを確保するためのものだが、市民の参加、関与を前提とする民主主義の現代的復興という側面を併せ持っている。民主主義の源流は古代ギリシアの都市国家（ポリス）にあるが、デモクラシー（民主主義）は古典ギリシア語のデモス（demos：人民）とクラティア（kratia：権力・支配）をあわせたデモクラティア（democratia）が語源である。民主主義は、民意と権力との親密な結合関係を重視する。都市国家アテナイでは（女性や奴隷を除く）自由市民すべてに政治参加の権利があり、民会が最高機関として意思決定を行う直接民主主義が行われ、そこでは行政や司法の役

職も市民から抽選によって選ばれていた。統治する者と統治される者が同じだったのである。以後、間接民主制、三権分立といった社会制度が歴史的変遷を経て確立し、一方で専門分化が進むにつれ市民と政治、行政の連結関係が薄れていくことになる。特に、日本には自由民主主義体制が外部から持ち込まれた歴史的経緯もあり市民と政治の距離は遠く、民主主義という言葉が私たちの日常に十分定着しないまま今日に至っている。

しかし、水俣病を始めとする公害は、ガバメント型の統治システムでは解決困難な、被害者である市民が三権（司法、立法、行政）に長年月働きかけてようやく解決に向かうという環境ガバナンスの必要性を問う典型事例であった。例えば、福島第一原発事故の被害者や被害自治体が黙って待っているだけで、生活再建や地域の復興が順調に図られるかと言えば、多くの人たちは否定的な見解を示すだろう。公害被害と福島第一原発事故被害では事情が異なる点はあるが、東京電力や政府の対応は被害者が不信の念や怒りを抱くのに十分な緩慢さであり、問題解決の長期化や紛争の深刻化が懸念される状況にある。

プラトンやアリストテレスが批判したように、安易な市民参加は衆愚政治や社会的混乱をもたらす可能性があることは確かである。実際、古代ギリシアの都市国家は、後に扇動政治家（デマゴーク）の議論に大衆が流され衆愚化し、自由市民のすべてが従った法律は一部の人たちが他者を支配するための道具と化して衰退、崩壊の道をたどることになった。

これは、社会市民としての私たちの社会的見識を厳しく問うものである。しかし、社会問題の解決を職業政治家や官僚に任せているだけでは、システムとしての人間社会がうまく機能しないことは歴史的事実である。「民主主義というのは1つのパラドックスを含んでいる。つまり、本来政治を職業としない、また政治を目的としない人間の政治行動によってこそ、民主主義は常に生き生きとした生命を与えられる（丸山：1961）」。

ガバナンス論の台頭は、依頼人（市民）と代理人（政治家）との信頼関係を前提とする議会制民主主義を、現在の私たちに見合ったものに変えるために新

たなサブシステムを組み込む必要性を唱えるものである。人間社会の望ましいシステムの構築に参加することは、私たち社会市民に与えられた本来的役割の1つである。

(3) エマージェンシー・システム

　水俣病において、行政がチッソの工場稼働停止や漁業禁止などの強制措置に踏み切れなかった最大の理由は、因果関係の科学的立証を待っていては深刻な被害が急激に拡大するような「非常事態（エマージェンシー）」を想定した法令規則が、わが国には存在しなかったためである。その結果、政策対応が遅れ被害が拡大したことは確かである。

　このような事態を避けるためには、ある一定の条件を満たした場合には自動的に行政が動き出すシステムが必要となる。例えば、住民の健康に著しい被害が生じ始めた場合、その原因となる人間活動（工場からの排出物等）との因果関係が科学的に完全に立証されなくとも、一定の条件を満たした場合には定められた手続きを経たうえで、その活動を停止させる仕組みを予め整備するというものである。これは重大な環境汚染にかかる非常事態措置である。

　次に、環境被害の拡大が収まった段階で、環境修復等の被害補償に関する仕組みが必要となる。県債方式による特異なチッソ支援の政策手法も、PPPという政策原則だけでは本来対応困難な環境被害が発生した場合の制度が、わが国に整備されていなかったために生み出されたものである。

　汚染者の補償能力を超える莫大な被害補償が度々生じている油濁被害については、このような事態に対応するための国際制度がすでに創設されている。この制度の概要は、①1992年の油による汚染損害についての民事責任に関する国際条約に基づいて、まず船主が賠償責任を負い、限度額を超える部分については、②1992年の油による汚染損害の補償のための国際基金の設置に関する国際条約に基づき、油受取人（石油会社等の荷主）が拠出する国際油濁補償基金が、①と合算して2億300万SDR（約325億円）を限度として被害補償を行う。それでも不足する場合には参加国の油受取人が負担する追加補償基金

が、①②と合算して7億5,000万SDR（約1200億円）を限度として補償するという仕組みである。

また、欧米においては、土壌汚染等の原因者が環境復元費用等を負担できない場合を想定した制度が存在する。オランダの土壌保全法は土壌汚染の防止のための廃棄物の処理等を定めたものであり、汚染浄化と調査の費用について原因者と土地所有者に詳細な規定を設けて負担を定めるものである。原因者による費用負担が困難な場合、重大な汚染施設では、国や地方自治体が負担するとされている。ドイツの連邦土壌保全法も基本的方向はオランダと同じ性格のものである。

米国で1980年に制定されたスーパーファンド法（総合的環境対策、補償および責任に関する法律）は、汚染者に対する追求を徹底して行う制度であった。これは有害物質の浄化費用に関する責任の明確化と浄化の実施や環境保護庁が浄化を行った場合、その費用をスーパーファンド（有害廃棄物信託基金）から支出した後に、責任当事者にその費用の支払を求める制度である。同制度の責任原則は、①全ての関与者に過失の有無に関わらず責任があるとする「厳格責任」、②個々の関与者は連帯して責任を負う「連帯責任」、③同法施行以前の有害物質への関与についても責任を負う「遡及的責任」である。この制度は環境復元責任とその費用負担を中心としたものだが、汚染物質の排出者だけでなく運搬、貯蔵、処理者等関係があった者すべてを「潜在的責任当事者」とみなす厳しいものである。また、金融機関も融資にかかる担保権を実行し施設の実質的な所有者や管理者と認められる場合は責任当事者と判断される（吉田：1998、宮本：2007）。

先に例示した工場の稼働停止等の規制措置を取った場合、仮に原因究明が進み、ほかの原因であることが判明した場合でも、非常事態における緊急措置として、その措置により生じる企業の経済的被害については、国に対して賠償責任を免じるか一定のルールに基づく限定的賠償にとどめるといった規定が必要となろう。また、緊急対策会議等の意見に反し、国が差し止め措置を取らなかったために生じた環境被害については、国の責任として賠償する

といった規定も併せて視野に入れる必要があるだろう。これらの規定はいずれも作動環境の整備という意味合いを持つものである。

このほかにも様々なシステム設計は可能だが、ポイントは予測困難な緊急事態が発生した時の対応手順（オペレーション・マニュアル）を予め定めておくことである。緊急事態が生じてから、混乱した状況の中で対処方針を検討しようとしても実際には困難である。最も重要なことは、裁量の余地を極力なくし、ある一定の条件を満たせばその時の総理大臣や政権政党、実務を担う官僚が誰であっても、自動的に作動するリスクオペレーション・システムを事前に整備しておくことが、被害の拡大防止と迅速な環境再生や被害者救済には不可欠である。

行政にこのような強権を付与することへの警戒感はあるかもしれない。しかし、例えば福島第一原発事故の翌日に総理大臣が現場に視察に出向くといった、非常時のリスクオペレーションとしてはあり得ない（あってはならない）事態も実際に起こっている。そのため、原子力規制委員会設置法案では、同委員会の専門家が担当する技術的、専門的な判断は総理の権限から除外されることになった。政治の介入による弊害を排除し、公正取引委員会型の独立性の高い組織を意図したものである。

確かに、技術的問題について専門知識のない人間が判断することは危険だが、原発事故が単なる事故にとどまらず、日本の社会経済に重大な影響を及ぼすものであるとすれば、原子力や放射性物質の技術論の枠内ですべて処理できる性格の問題ではない。日本社会全体を視野に入れた総合的判断、すなわち政治決断が求められることになる。今回の混乱は、総理大臣（政治家）が判断することに原因があるというより、適切な判断をするために必要な情報（的確な現状把握と科学的知見に基づく今後の見通しや対策案等）が決定権者に速やかに提供され、あるいは過誤を防ぐための協議・決定システムやオペレーション・マニュアルが事前に整備されていなかったことから生じたものである。

災害復旧に直接携わった人であれば、被害者の救出、救援や道路、堤防、崩壊地区の復旧に不休で取り組む現場に押し寄せる、物見遊山（ものみゆさん）

の政治家や研究者の視察団がどれほど復旧作業の障害になるかを知っているが、緊急事態のオペレーション経験者が常に政府の責任者に就いている保証はどこにもない。

　万が一の事態に備えるというリスクマネジメントに対する意識の低さは日本の文化とも言えるものだが、環境被害は特に初動が重要であり、被害が発生してから対応策の検討を行おうとしても、不確実な情報をもとにした小田原評定になりやすく、被害の拡大は免れない。事実情報の十分な収集や因果関係の科学的立証が前提とされている現実が、結果として被害対応を著しく緩慢・慎重にし、水俣病だけでなくその他の公害や薬害等の深刻な健康被害が繰り返された過去の経験を踏まえるならば、行政の不完全性を前提とした新たな緊急事態対応システムの構築は、特に重大な健康被害、環境被害を回避するという危機管理の観点から、早急に検討されるべき重要な課題である。

第5章

放射性物質汚染と行動選択

　これまで、半世紀以上に及ぶ水俣病の歴史を振り返ってきたが、本章ではその道程を踏まえながら、収束まで長期間を要すると思われる福島第一原発事故の放射性物質汚染に目を転じることとする。

　従来のガバメント型社会では、情報はエリートによって統制、管理され、市民への情報提供は選択的で不十分なものであった。政策プロセスへの参加も陳情や要望書の提出といった手段に限られ、市民からすれば城門の前で押し問答をするような虚しさがあった。一方で、私たち市民も社会問題はすべて行政が対応するものとして、行政に頼る傾向が強かった。

　しかし、環境被害が発生した際に、行政の対応を待っているだけでは自分や家族を守ることは難しい。私たちは、様々な不確実性の中でリスクを回避するための意思決定を行わなければならない。ガバナンス型社会の基本は、私たちが社会市民として自分なりの見識を持ち、自らに関わりのある社会問題に関する必要情報を集め、適切と思われる行動を選択し、そして自らの行動に責任を持つことにある。福島第一原発事故についても、私たちが衆愚との誹りを受けないためには、低線量放射線被ばくに関して何がわかっていて何がわかっていないのか、どのような政策対応がなされているか、それが私たちとどう関係があるのかについて必要な情報を収集し、私たちの日常生活で無視して差し支えない程度のものかどうか、自分なりの判断をしなければならない。

1　対立する科学

　水俣病では水俣湾にメチル水銀が約36年間近く排出され、海底に堆積した総水銀25 ppm以上の汚泥は約151万 m³に及んだが、政府機関の推計によれば、福島第一原発事故ではヨウ素換算で57万〜77万テラ（テラは1兆）ベクレルもの放射性物質が飛散、漏出したことから、広域にわたる汚染リスクが問題化している。

　もともと私たちは、自然界に存在する放射線に常に被ばくしており、日本人は平均年間1.48 mSv（ミリシーベルト）/年、世界平均で約2.4 mSv/年であり、イランのラムサール地方や中国広東省陽江市など10 mSv/年に達する地域もある。

　また、放射線の感受性は年齢によってかなり異なり、20歳代、30歳代に比べれば乳児の放射線感受性は約5倍近く高くなり、特に女児は男児の2倍近く高い影響を受ける。胎児は妊娠の時期によってはさらに大きな影響を受け、逆に高齢になると低くなることが知られている。

　健康被害は有毒物質の摂取量によって決まり、その程度はゼロに向かってなだらかに減少分布すると考えるのが一般的である。例えば、この水準以下であれば健康に害はないという「しきい値」は喫煙にはないとされる。医師も1日何本までとは言わずに禁煙するよう指導する。

　一方、放射線被ばくの影響については100 mSv以上被ばくした場合に発がんの確率が高くなる（確定的影響）ことが実証的に明らかにされているが、100 mSv未満の低線量被ばくについては確証的な調査結果が得られていない。10万人規模の疫学調査によっては確認できないほど確率が小さいため、仮説の妥当性を証明することも否定することも難しい。その結果、「観察されない」「科学的に証明されない」「わからない」といった表現が多く使われることになり、不確実さに対する推測を伴うことから、しきい値の有無については研究者間で意見が分かれている。主な説は次のとおりである。

1 対立する科学 143

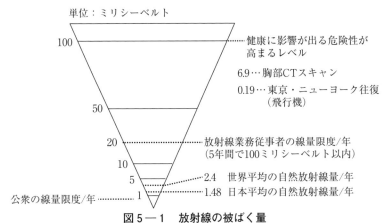

図5—1 放射線の被ばく量
出典：環境省「放射性物質の環境汚染について」、文部科学省「日常生活と放射線」に基づき著者作成。

「しきい値」説

　中近東やインド、中国などの自然放射線量が高い地域でがんの発生率の増加が見られないことなどの疫学調査結果に基づくもので、放射線被害にはこれ以下の被ばくであれば健康に影響がないという「しきい値」があるとする説である。生物には放射線などによるDNAの損傷を修復する機能があるため、しきい値以下ではその機能によって修復、防御されるとする。

　福島県放射線健康リスク管理アドバイザー山下俊一は、高い放射線地域の住民など、これまでの疫学調査から100 mSvの被ばくで0.5％死亡率が上がることが確認されているが、それ以下では発ガンリスクは観察されていないし、これからもそれを証明することは非常に困難だとしている。不安を持って将来を悲観するよりも、今、安心して、安全だと思って活動しなさいとずっと言い続けてきたし、今でも100 mSv以下の積算線量でリスクがあるとは思っていないと述べている。金子（2007）は、しきい値がないというのは仮想的だとして、これまでの主な疫学調査をサーベイした結果として、20世紀後半、各国で採用された作業者50 mSv/年、市民5 mSv/年という線量限度以下の被ばくでは、健康への実害は証明できないとしている。放射線医学総合

研究所も、放射線のレベルが通常の 10 倍あるいは 100 倍などと聞くと、たいへん高い線量のように感じられるが、実際には健康に影響のないレベルであり、100 mSv 以下では影響は起こらないと考えられるとの見解を発表している。また、放射線影響協会は、リスクが立証できなければリスクはないと見なすべきであるとし、5 mSv/年以下の低線量被曝は安全という立場を取っている。

　アメリカ保健物理学会 (HPS) では、低線量では健康影響のリスクは小さくて観察できないか、あるいは存在しないという理由から、定量的なリスク評価は年 5 レム (50 mSv) あるいは生涯 10 レム (100 mSv) 以上の線量に限定すべきという声明 (1996 年、2004 年) を出している。この説は、フランス科学・医学アカデミーが採用している。

直線 (LNT：Linear No-Threshold) 仮説

　放射線被害にはしきい値は存在せず、被ばく線量が下がるにつれて被害も減少するという説である。この説は、主に生物の突然変異実験などの生物学的知見に基づいた説である。統計的に確証的な証明はされてはいないが、不確かな低線量領域に疫学証明がなされている確率を被ばく線量の減少に応じて延長適用したものであり、予防的意味合いを持つ仮説である。

　この仮説によれば、低線量の被ばくであっても危険を及ぼす可能性があり、理論値では、発がん死亡リスクは年 50 mSv/年：0.25％、20 mSv/年（日本の避難地域基準、屋外活動制限基準）：0.1％、10 mSv/年：0.05％、5 mSv/年：0.025％、1 mSv/年：0.005％と推計されている。年 100 mSv では 1 万人につき発がんが 100 人 (1％) で発がん死亡者が 50 人 (0.5％) になる。東東北と関東の人口は約 5,000 万人であり、もし仮に全員が年 20 mSv の被爆をしたら、将来 5 万人が発がんで死亡することになる。

　人間の細胞や遺伝子を破壊する機能を放射線が持つことを重視する立場からも、低線量放射線の危険性が指摘されている。1 mSv は人間の 80 兆個の細胞のすべてに「分子切断」が起こる量であり、また外部被ばくではガンマ

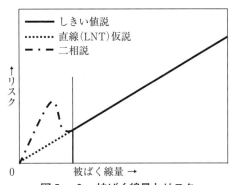

図5―2 被ばく線量とリスク
出典：杉山綾子 (2011)「放射性物質による健康への影響〜食品からの被ばくを中心に〜」等に基づき著者作成。

線を計量しているが、アルファ線やベータ線がきわめて危険な線種であることを指摘し、内部被ばくの危険性を重視すべきだとする。また、チェルノブイリ事故による小児甲状腺がんが、2段階の遺伝子変化を経て発症までには長い時間がかかっていることに着目する研究者もいる。数万人規模の検診を行っても低線量被ばくの疫学的証拠を得ることは容易ではない。統計的に因果関係を証明する証拠が得られるのは、福島第一原発事故被ばく者を20〜30年間にわたって観測できてからであり、これでは被災者の役には立たないという主張である。

国際放射線防護委員会（ICRP）、国連科学委員会（UNSCER）、アメリカ科学アカデミー（NAS）がこの仮説を採用している。2005年に、アメリカ科学アカデミー・電離放射線の生物学的影響に関する委員会（BEIR）は、生物学的、疫学的研究を検討したうえで、低線量域でも直線仮説は科学的に正しいと報告している。一方、国際放射線防護委員会は、低線量放射線の健康への影響が科学的には明らかになっていないことを前提としている点に違いがある。同委員会は、統計的に有意ながんリスクを示せないことはリスクがないことを意味しないとし、防護の目的からがんの発生が100 mSv以下で投下線量に伴い当該臓器で発生すると仮定するのが科学的にもっともらしいとする。ま

た、この仮説は放射線管理の目的のためにのみ用いるべきであり、すでに起こったわずかな線量の被曝についてのリスクを評価するために用いるのは適切ではない、ともしていることから、直線仮説支持者は前段の文章を、しきい値説支持者は後段を引用する傾向にある。

二相説

　ウランやストロンチムによる内部被ばくは相当リスクが高く、二つの放射線（アルファ線もしくはガンマ線）が細胞の変異原性を非常に高め、ごく低線量でいったん極大値を示すという説である。欧州放射線リスク委員会（ECRR）は、ウランやストロンチムによる低線量の内部被ばくは、国際放射線防護委員会の評価より最大1,000倍危険であるとし、この説を支持している。

　このほかにも、低線量は人体に有益というホルミシス効果仮説がある。これは、ラドン浴など適量の低線量の放射線照射は逆に免疫機能が高まり、身体の様々な活動を活性化するという仮説である。

　研究者が根拠とする研究データや報告書は基本的には同じである。見解が異なるのは、第1に、専門分野ごとの「妥当な知識」の違いからくるものである（藤垣：2006）。重視する研究データや分析手法が違えば、結論が異なる場合も当然ある。例えば、水俣病の場合には熊大医学部は臨床医学の観点からメチル水銀が原因物質であると主張したが、チッソや通産省（当時）等は化学的観点からメチル水銀の生成過程を重視し「因果関係の科学的証明がなされていない」として長く対立した。低線量の放射線被害では、疫学関係者の間でも一部で意見の相違があるほか、疫学と生化学、分子生物学などでは研究アプローチの違いに起因する見解の対立が見られる。疫学は特定集団を一定期間観察して疾病の分布状態を調査し、疾病の発生頻度の法則性から原因との関係を探っていくものであり、統計学的な有意性を重視する。一方、生化学や分子生物学では生物を有機化学物質の集合体として捉え、動植物実験などを通した物質の生成や変異についての分子、遺伝子レベルでの解析結果を

重視する。

　第2に、すでに実証されている科学的知見の客観性、確実性を重視するか、科学の不確実性と限界を視野に入れるかの違いである。藤垣が指摘するように、研究者が科学的証明に固執するのは、過誤を避けようとするプロフェッショナルとしての要求水準の高さの表れである。慎重を期す研究者としての責任感が、実際にはリスクがあったにもかかわらず、あるとは言えないと判断する過誤を招くことにもつながる場合もある。科学的な確証が得られない場合、研究者としてどのような科学的割り切りをするかという問題である。

2　食品の放射性物質汚染

　被ばくには、体内の外部からの放射線による「外部被ばく」と、呼吸や飲食物を摂取するなどして体内に入った放射性物質からの放射線による「内部被ばく」があるが、内部被ばくは放射性物質が体内に残っている限り継続する。セシウム137（半減期30年）の場合、人によって差はあるが70日程度で体内に残る量は半減する。

　なお、内部被ばくの場合は体内の細胞近くに放射性物質があるため、外部被ばくに比べて危険性が高いという見解がある。また、ホールボディ・カウンター（内部被ばく検査機器）ではガンマ線の20倍も作用するアルファ線やベータ線は捕捉できないため、実際の被ばく量は測定値を大幅に上回るとの指摘もある。

食品安全委員会の対応

　科学的見解が分かれる中で、政府はどのような政策対応を行ってきたのだろうか。

　福島第一原発事故に伴い、周辺地域の農畜産物や魚介類、きのこ等から放射性物質が検出される事態が発生した。汚染された国産の飲食物に関する規制は、これまで内閣府の原子力安全委員会が取りまとめた「原子力施設等の防災対策について」の中の「飲食物摂取制限に関する指標」だけであった。

事故を受けて、厚生労働省は2011年3月17日に急きょ「飲食物摂取制限に関する指標」を発表、この暫定規制値を超えるものは出荷規制等の措置が取られることになった。その後、同年4月初旬に茨城沖で獲れた魚から放射性ヨウ素が検出されたことから、魚介類の放射性ヨウ素の暫定規制値が新たに設定された。当初はマスコミもあまり報じなかったことから、暫定規制値が緊急に設定されたこと自体を知らなかった市民も多かった。

　この暫定規制に関しては、規制値の科学的妥当性と今後の対応見通しに関する説明が不足していたことから国に対する不信感が広がり、ほどなく規制値自体の信頼性が疑われることになった。国際保健機関（WHO）などの基準と比較すれば、この暫定規制が高く設定されていたからである。例えば、飲料水の場合、国際保健機関の基準値は1 Bq（ベクレル）/l、ドイツは0.5 Bq/l、アメリカは0.111 Bq/lである。一方、日本の暫定規制では200 Bq/lであり、他国と比較すると200～400倍高い。

　国や原子力安全委員会は、これまで国際機関等が設定した基準を根拠として基準を決めるというやり方を取ってきた。例えば、日本の輸入産品の規制値はセシウム134とセシウム137の合計値が370 Bq/kgであったが、この規制値についても「日本国民1人1日当たりの輸入食品の摂取量を考慮したうえで、放射線防護の国際専門機関である国際放射線防護委員会の1990年勧告『公衆の被ばく線量限度は1年間に1 mSv』も十分に下回る量として設定されている」と説明されていた。しかし、2011年3月17日以降は、セシウム134とセシウム137は別々に計測し、それぞれの規制値を500 Bq/kgとしたため、合計1000 Bq/kgまでとなり、3倍近く引き上げられることになった。暫定規制値が十分安全だとすれば、これまでの輸入産品の規制基準は、単なる貿易障壁に過ぎなかったことになる。

　市民の多くは、高い暫定規制値が設定されたのは、世界保健機関などの基準を準用すれば、福島県を中心とした汚染地域の農林水産物はほとんど食べることも販売することもできず、また地元住民は飲み水にも苦労する状況となることから、それを避けるための言わば緊急避難的措置として受け止めて

いた。言い換えれば、長期間多量に摂取しない限り一定の安全性は確保されているので、しばらくの間、被害地域の住民もその他の市民も比較的高い放射性物質の一次産品を食べ、被害地域の救済に協力してほしいという理解である。「ただちに影響はない」という答弁の繰り返しが、ずっと食べていれば影響が出るレベルなのだな、という市民の意識を一層強める方向に作用した。

　その後、2011年10月に食品安全委員会が、暫定規制値の評価を含めた「食品中に含まれる放射性物質に係る食品健康影響評価」書を取りまとめ公表したが、そのポイントは次のとおりである。

(1) 放射線による影響が見出されるのは、自然放射線量を除いた累積の実効線量として、おおよそ100 mSv以上と判断される。

(2) 小児は、感受性が成人より高い可能性（甲状腺がんや白血病）があると考えられる。

(3) 100 mSv未満の線量における放射線の健康への影響は、信頼のおけるデータがなく、その健康影響について言及することは現在得られている知見からは困難である。

(4) 放射性セシウムは、現行の暫定規制値の2倍に当たる実効線量10 mSv/年でも不適切とは言えない。現行の暫定規制値が用いている実効線量年間5 mSvは、かなり安全側に立ったものである。

(5) 放射線へのばく露はできるだけ少ない方がよいということは当然であり、食品中の放射性物質は、可能な限り低減されるべきで妊産婦、乳幼児等については十分留意されるべきである。なお、この取りまとめは緊急時の対応として検討結果をまとめたものであり、通常の状況を想定したものではない。

　暫定規制は十分安全だと主張する一方で、科学的根拠に裏付けられた具体的基準を示さない食品安全委員会に対して、市民の間で不満や不信が高まることになった。100 mSv未満では放射線の影響がないとしつつ、しかし被ばくはできるだけ少ない方がよいという見解や、暫定規制値でも十分安全であるとする一方で、この評価は緊急時のもので通常の状態を想定していないと

いう主張も、多くの市民やマスコミには矛盾しているように感じられたのである。特に、小さな子どもを抱える被害地域の人たちに不信や不安が広がるのは、言わば自然の成り行きであった。

薬事・食品衛生審議会の対応

　食品中の放射性物質に関する新たな規制基準を設定するため、その後、厚生労働大臣が薬事・食品衛生審議会長に諮問した。その際、事前に大臣から放射性セシウムの食品からの許容線量を年間 5 mSv から 1 mSv に引き下げる政府の基本方針が伝えられた。同審議会放射性物質対策部会で具体的検討が行われた後、2012 年 2 月に同審議会から厚生労働大臣に答申がなされた。対象とする放射線核種は半減期 1 年以上の放射性核種とされ、セシウム 134（半減期 2.1 年）、セシウム 137（同 30 年）、ストロンチウム 90（同 29 年）、プルトニウム（同 14 年～8 千万年）ルテニウム 106（同 367 日）を対象とし、半減期が短くすでに検出が認められない放射性ヨウ素や、原発敷地内においても自然の存在レベルと変化のないウランの基準値は設定しないこととされた。答申の基本的考え方は以下のとおりである。

(1) 最近の調査によると、食品中の放射性セシウムの濃度は十分低いレベルにあり、食品に起因するリスクは既に 1 mSv よりも十分小さくなっており、新たな規制値の設定が放射線防護の効果を大きく高める手段になるとは考えにくい。

(2) 1 mSv を管理目標とすることに異論はない。食品の基準濃度については、実態に比して大きい汚染割合を仮定していること、「一般食品」に関する検討に加えて「乳児用食品」及び「牛乳」に対して配慮することにより子どもに対する特別な安全度を設定した。

(3) 諮問のあった食品基準は、放射線障害防止の基本方針に照らせば、その目的を十分以上に達成できる低い数値が選定されている。

(4) 事故の影響を受けた地域社会の適正な社会経済活動を維持し復興するため、今般の東日本大震災に伴う原子力発電所事故により放出された

放射性物質に対応するための食品基準値の策定及び運用にあたって、国際放射線防護委員会の勧告[注1]を踏まえ、ステークホルダー（様々な観点から関係を有する者）等の意見を最大限に考慮すべきであると考える。

(5)「乳児用食品」及び「牛乳」に対して 50 Bq/kg という特別の規格基準値を設けなくても、放射線防護の観点においては子どもへの配慮は既に十分なされたものであると考えられる。

答申を受けた厚生労働省は、「暫定規制値を下回っている食品は、健康への影響はないと一般的に評価され、安全性は確保されているが、より一層食品の安全と安心を確保するために、事故後の緊急的な対応としてではなく、長期的な観点から新たな基準を設定」することを決め、一部の経過措置対象品目を除き 2012 年 4 月 1 日から施行された。

この新基準は暫定規制値より 4〜20 倍厳しいものであったが、それでも市民の不安を払しょくするには至らなかった。薬事・食品衛生審議会の答申も、多くの市民には不可解なものであった。

例えば、暫定規制で十分な安全性が確保されているのであれば、過度の安全度を見込んでいる新基準値（案）を認めることは、常識的には不合理な結論である。また、一般食品の基準値でも乳児や子どもの安全が十分確保されるのであれば、乳児用食品と牛乳の基準をことさら厳しくする理由はない。さらに、新基準値の導入に際しては、生産者や住民ら関係者の意見も最大限考慮すべきとしているが、科学的あるいは経済的観点から新基準値（案）に異論があるならば、科学的知見に基づいた新たな基準を同審議会で策定して答申

（注1）国際放射線防護委員会の勧告とは、同勧告で示されている「防護基準3原則」のことを指している。
　①「正当化の原則」—放射線被ばくの状況を変化させるようなあらゆる決定は、損害よりも便益が大となるべきである。
　②「防護の最適化の原則」—被ばくの生じる可能性、被ばくする人の数及び彼らの個人線量の大きさは、全ての経済的及び社会的要因を考慮に入れながら、合理的に達成できる限り低く保つべきである。
　③「線量限度の適用の原則」—個人の被ばく総線量は、同委員会が特定する適切な限度を超えるべきではない。

暫定規制値（2011年3月17日以降）

食品群	規制値
飲料水	200
牛乳・乳製品	200
野菜類	500
穀類	500
肉・卵・魚・その他	500

新基準（2012年4月1日以降）

食品群	規制値
飲料水	10
牛乳	50
一般食品	100
乳児用食品	50

（注）新基準の経過措置
2012.10.1 より適用：米、牛肉（米・牛肉を原料に製造、加工、輸入された食品を含む）
2013.1.1 より適用：大豆（大豆を原料に製造、加工、輸入された食品を含む）

図5-3　放射性セシウムの食品基準（単位：Bq/kg）
出典：厚生労働省「放射能汚染された食品の取り扱いについて」「食品中の放射性物質の新たな基準値について」等に基づき著者作成。

すると考えるのが一般的である。多くの市民には、食品安全委員会と同様、同審議会も社会が求めている役割を十分果たしていないように映ったのである。

　このような状況の中で、例えば、野菜は洗浄して検査することになっているが、洗い落された放射性物質の分だけ放射線量は下がる。魚介類もさばいて身だけを計測する。土の検査についても原子力保安院は5cm、農林水産省は15cm掘り起こした土を検査するよう指導している等々、意図的に測定値がより低くなるようにし、あるいは事実を隠匿しようとしているのではないかといった憶測も広がり、多くの市民の不信感を深める結果になったのである。

3　汚染がれき処理と除染

　もう1つの放射性物質問題として外部被ばく（汚染がれき処理と除染）がある。
　東日本大震災により発生したがれきは、当初2,200万t以上と推計され、被災地では災害廃棄物の処理を復興に向けての最優先課題として、処理作業が開始された（2012年5月21日、宮城県1,154万t、岩手県525万tに修正。）しかし、災害廃棄物の量が膨大であること、一部不市町村では行政機能そのものが大

きな打撃を受けていたことから、国が市町村に代わって災害廃棄物を処理することを可能とするため、議員立法により 2012 年 8 月 12 日に災害廃棄物処理特措法（東日本大震災により生じた災害廃棄物の処理に関する特別措置法）が成立、同月 18 日に公布、施行された。

同法は、被災自治体から要請を受けて、必要と認められる時に国が災害廃棄物の処理の代行を行うこととされ、2012 年 3 月には代行事業の第 1 号として福島県新地町、相馬市の災害廃棄物処理事業が決定した。処理事業に関する経費負担については、東日本大震災に対処するための特別の財政援助及び助成に関する法律（2011 年 5 月 2 日成立）による国庫補助率のかさ上げなどの措置が取られていたが、災害廃棄物処理特措法により残りの地方負担分についても地方交付税措置により実質的に全額が手当されることになった。

また、被災地での処理能力の限界から、目標とする 2013 年度末までに処理を終えるため、全国の廃棄物処理施設に受入れでもらう「広域処理」が不可欠とされたが、災害廃棄物に含まれる放射性物質について受入れ自治体で懸念が広がったことから、広域処理ガイドライン（東日本大震災により生じた災害廃棄物の広域処理の推進に係るガイドライン）が取りまとめられ、同年 8 月 11 日に公表された。

放射性物質による環境汚染に関しては、環境基本法（13条）において原子力基本法その他の関係法律の定めるところによるとされ、福島第一原発事故の放射性物質被害に対処し得る法律がなかった。環境省は 2011 年 5 月 2 日に「福島県内の災害廃棄物の当面の取扱い」を取りまとめ、避難区域及び計画的避難区域については、当面、災害廃棄物の移動や処分を行わないこととし、一方、避難区域等外では放射性物質により汚染されたおそれのある災害廃棄物は放射性物質が拡散することのないよう、適正な管理の下に処理すべきとした。同年 6 月 23 日に「福島県内の災害廃棄物の処理の方針」が環境省により定められたが、高濃度汚染の可能性が高い避難区域等の災害廃棄物の対策は遅れることになった。

一方で、福島県をはじめ首都圏など 7 都県一般廃棄物処理工場から、8,000

Bq/kg 以上の焼却灰が確認されたほか、東日本の各地域の下水処理場の汚泥などからも高濃度の放射性物質が検出され、大量の汚染汚泥が処理されないまま仮保管される事態が発生した。また、放射性物質が降下した地域の学校の校庭や公園などでは表土の除去作業が行われたものの、除去した土壌の処分方法が決まっていないことから、各地域で仮置きされる状況が続くことになった。

放射性物質汚染対策特別措置法

このような状況を受けて、2011 年 8 月 23 日に「放射性物質汚染対策特別措置法（平成二十三年三月十一日に発生した東北地方太平洋沖地震に伴う原子力発電所の事故により放出された放射性物質による環境の汚染への対処に関する特別措置法）」案が議員立法として提出され、同月 26 日に成立、30 日に公布、施行された。また、「除染に関する緊急実施基本方針（同月 26 日）」において、被ばく線量が 20 mSv/年以上の緊急時被ばく状況にある地域の段階的かつ迅速な縮小を目指すとともに、20 mSv/年以下の地域においては 1 mSv/年以下を目指すとされた。具体的目標としては、一般公衆については 2 年後（2013 年 8 月）までに推定年間被ばく線量を約 50％減少、子どもについては約 60％減少を目指すこととされた。

同法の仕組みは図 5-4 のとおりだが、汚染廃棄物の処理については、国が処理計画を策定し、処理を実施する「汚染廃棄物対象地域」として大熊町、双葉町など福島県内の 11 市町村が指定された。8,000 ベクレル/kg 以下の汚染廃棄物については一般廃棄物として市町村等の管理型の一般廃棄物最終処分場での埋立処分との見解が示され、8,000〜10 万 Bq/kg の焼却灰等についても、雨水侵入を防ぐ各理想の設置等を条件として、管理型の一般廃棄物最終処分場での埋立処分という方針が示された。また、例えば道路の路盤材等にコンクリートくず等を利用する場合には、3,000 Bq/kg 程度まで再利用可能との考え方も示された。

また、汚染土壌等（草木、工作物等を含む）の除染等に関しては、国が除染計

3 汚染がれき処理と除染　155

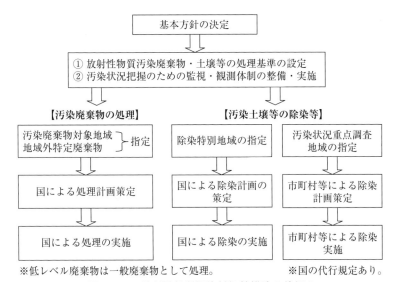

図5-4　放射性物質汚染対処特措法の仕組み
出典：放射性物質汚染対処特措法等に基づき著者作成。

画を策定し、除染を実施する「除染特別地域（20 mSv/年以上）」に汚染廃棄物対象地域の11市町村が指定されたほか、市町村等が除染計画を策定、実施するための「汚染状況重点調査地域（20〜1 mSv/年）」に8県96市町村が指定されている（2016年6月末現在）。

受入れ自治体の懸念

　問題となったのは、原子炉等規制法では再利用できる廃棄物の基準が放射性セシウム100 Bq/kg以下となっており、それ以上の放射性廃棄物は放射性廃棄物最終処分場以外に廃棄することを禁じていることである。

　環境省は、100 Bq/kgは「廃棄物を安全に再利用できる基準」であり、8,000 Bq/kgは「廃棄物を安全に処理するための基準」としているが、この「二重基準」が廃棄物処理を引き受ける地方自治体や市民の強い不信を招く結果となった。

徳島県は、ホームページで低レベルの放射性物質汚染がれき受入れに関する県の考え方を示したが、要旨は次のとおりである。

「放射性物質については、封じ込め、拡散させないことが原則であり、その観点から東日本大震災以前は、国際放射線防護委員会の国際的基準に基づき、放射性セシウム濃度が1kgあたり100ベクレルを超える場合は特別な管理下に置かれ、低レベル放射性廃棄物処分場に封じ込める措置が取られてきた。ところが東日本大震災後、国は、当初、福島県内限定の基準として出した8,000ベクレル/kg（従来基準の80倍）を、十分な説明も根拠も示さないまま広域処理の基準にも転用した。

　したがって、原子力発電所の事業所内から出た廃棄物は、100ベクレルを超えれば、低レベル放射性廃棄物処分場で厳格に管理されるが、事業所外では8,000ベクレルまで東日本では埋立処分されている状況にある。

　8,000ベクレルという水準は、国際的には低レベル放射性廃棄物として、厳格に管理されている。例えばフランスやドイツでは、低レベル放射性廃棄物処分場は、国内に1か所だけであり、鉱山の跡地など放射性セシウム等が水に溶出して外部にでないよう注意深く保管されている。

　徳島県としては、県民の安心・安全を何より重視しなければならないことから、一度、生活環境上に流出すれば、大きな影響のある放射性物質を含むがれきについて、十分な検討もなく受け入れることは難しいと考える。もちろん、放射能に汚染されていない廃棄物など、安全性が確認された廃棄物まで受け入れないということではない。安全ながれきについては協力したいという思いはある。

　ただ、がれきを処理する施設を徳島県は保有しておらず、受け入れについては、施設を持つ各市町村及び県民の理解と同意が不可欠である。県としては国に対し、上記のような事柄に対する丁寧で明確な説明を求めているところであり、県民の理解が進めば、協力できる部分は協力していきたいと考えている。」

　100 Bq/kgを基準にすれば、発生する膨大な低レベル放射性廃棄物を保管

する場所がないことから、基準を大幅に緩和し、危険物を被害地域以外の地方自治体や市民につけ回すやり方だと、多くの市民や地方自治体は理解したのである。

8,000 Bq/kg という基準の是非については、研究者の間でも意見が分かれている。また、岩手県大槌町の震災がれきの焼却灰から基準の5倍以上の6価クロムが検出されるなど、がれきには、重金属やアスベストなどの有害化学物質が混在しているとの指摘もなされた。

第2に、市町村等が行う除染費用と汚染土壌の処分先の問題である。電力中央研究所によれば、10 mSv/年を超える汚染地域が約 800 km^2、5 mSv/年を超える地域は約 1,800 km^2 に及んでいる（福島県の面積は 1,378 km^2）。また、毎時1 μSv（マイクロシーベルト：0.99 μSv は年5 mSv の被ばく線量に相当）以上の深さ5 cm の表層土壌を除去した場合、福島県だけで約 0.6 億〜1.2 億 m^3 との試算もある。これは全国の一般廃棄物最終処分場の残余容量の半分から全部を埋める量に相当するが、汚染土壌の除染や保管は市町村の責任とされ、市町村が現場や仮置き場で一時的に保管した後、管理型最終処分場で処理するとされた。

汚染状況重点調査地域に指定された地方自治体の除染費用については、当初、「国の責任において対策」するとし、除染費用を全額負担する方針（後に国が東京電力に請求）を示していた。しかし、実際には「比較的線量の低い地域（おおむね5 mSv 以下）」については民家の庭の表土除去などに要する費用が対象外とされたことから、自治体が負担する費用と国からの補助に大きな乖離が生じることになった。一方で、国費を原資とした基金により実施される福島県の除染対策については、被ばく線量による区分がないことから、福島県以外の自治体や市民の不満や不信を募らせる結果となった。

汚染土壌は市町村が現場や仮置き場で一時保管した後、管理型最終処分場で処理するとされているが、ほとんどの自治体では住民の反対などで仮置き場の設置が進まず、町内会単位といった地区ごとに「仮仮置き場」と称して一時保管せざるを得ない状況が続くことになった。例えば、野田市や柏市な

ど千葉県内9市において、除染で取り除いた土壌は、2012年2月末で約1万3,000tにのぼり、処理に苦慮していることが報じられた。国が土壌の最終処分についての基準を定めていないことや、最終処分場の確保自体が困難なことから、国の方針通りに処分できる見通しが立たないまま除染作業を開始せざるを得なかったのである。

　50 mSv/年未満の地域については、2012年度には除染作業を開始し、翌2013年度までに完了させるとしていたが、多くの人が実現を疑問視したとおり、除染作業は容易には進まず、国直轄除染地域 (11 市町村) は 2016 年度末までかかることになった。市町村除染地域 (93 市町村) については、2016 年 8 月末までに福島県外 (54 市町村) で概ね終了、福島県内 (39 市町村) でも約 9 割が終了したが、道路、生活圏の森林は約 5 割の進捗にとどまった。除染により生じた土壌を含む廃棄物は、1,030万m^3 (2015年末) を超えたが、住宅の庭先や仮置き場などでの一時保管が長く続くことになった。

　また、除染にかかる費用も、従来の環境被害に比べて桁違いに多額である。2015年12月、国は除染に2兆5千億円が必要との見通しを示したが、それは希望的観測に過ぎなかった。翌2016年には、事故後6年間だけで除染費用が3兆円を超えることを会計検査院が公表し、同年11月には、経済産業省が最終的には4～5兆円まで膨れ上がるとの試算を公表した。

　なお、福島県は面積の約7割を占めている森林の除染については、手つかずと言って差し支えない。除染対象は、住居、農用地等に隣接する林縁から約20mの範囲であり、落ち葉等の堆積有機物の除去にとどまる除染である。すでに、昆虫や動植物の奇形、鳥類の減少といった異変が報告されているが、樹木の放射性物質濃度は、数年から10年程度の期間を経てピークを迎えるとの指摘もあり、今後も当分の間、森林からの汚染物質は飛散、流失と、被ばくに伴う動植物の異変は広がり続けることになる。

4　観察者と当事者

　放射線被ばくに関する情報と私たちの日常生活に直接関わりのある問題へ

の政策対応を概観してきたが、放射線被ばくの健康への影響と政府の政策対応いずれについても、多くの不確実性が存在していることがわかる。研究者の諸説が統一されるのは、おそらく福島第一原発事故による低線量放射線被害の有無が明らかになる20年～30年後のことになろう。一方、どの政党が政権を取ったとしても、戦後の日本政治の歴史的経緯を踏まえれば、一気に「政局から政策へ」のコペルニクス的転回が図られるとは考えにくい。

しかし、私たちはいつまでも待つことはできない。多くの不確実性を前提として、将来に向かって必要な行動を選択しなければならない。

確率と認知バイアス

現在の学問的知見では確実な判断を下すことが難しい場合、私たちは経験に基づく実践知で不足を補いながら物事を評価し、判断を下すことになる。私たちはできる限り正確な情報を集め、客観的かつ合理的に物事を判断しようと努めている。しかし、実際には限定的で不確かな情報の中で、半ば直感的に信頼できると思われる情報に注目し、それをもとに他の要素を考慮し調整しながら判断している。これはヒューリスティックと呼ばれるやり方だが、簡便で時間は早いが一定の偏り（認知バイアス）があることも少なくない。

表5-1は、国立がん研究センターがホームページに掲載した、放射線と生活習慣の発がんリスクを比較した発がんリスクの相対比較表(抜すい)である。発がんリスクは、原爆による大量被ばく（1,000-2,000 mSv：発がんリスク80％増）と喫煙の発がん率（同60％増）はあまり変わらず、500-1,000 mSvの被ばく（同40％増）と飲酒（毎日ビール中ビン2本強：同40％増）、200-500 mSv（同19％増）と肥満（同22％増）、問題視されている100-200 mSv（同8％増）は野菜不足（同6％増）や女性の受動喫煙（同2～3％増）と同じ発がん率のグループに分けられている。確かに、100-200 mSvの被ばくは、喫煙者の発がん率の7分の1程度に過ぎないのだから騒ぐほどではないし、まして100 mSv未満では検出不可能なのだから心配することはないようにも感じられる。

しかし、一部の市民やマスコミからは批判を受けることになった。都合の

表5-1 発がんリスクの比較

相対リスク	リスク要因	対象	比較対象	がんになるリスクの増加割合
2.49〜1.50	原爆による放射線被ばく	1000-2000 mSv	0	1.8 (80％増)
	喫煙（男性）	喫煙者	非喫煙者	1.6 (60％増)
	大量飲酒（男性）	ビール中瓶 23本以上/週	ときどき飲む	1.6 (40％増)
1.49〜1.30	原爆による放射線被ばく	500-1000 mSv	0	1.4 (40％増)
	大量飲酒（男性）	ビール中瓶 15-23本/週	ときどき飲む	1.4 (40％増)
1.29〜1.10	原爆による放射線被ばく	200-500 mSv	0	1.19 (19％増)
	肥満	BMI＝30.0〜39.9	BMI＝23.0〜24.9	1.22 (22％増)
1.01〜1.09	原爆による放射線被ばく	100-200 mSv	0	1.08 (8％増)
	野菜不足	摂取量 110 g	摂取量 420 g	1.06 (6％増)
	受動喫煙（非喫煙女性）	夫が喫煙	夫が非喫煙	1.02〜1.03 (2〜3％増)
検出不可能	原爆による放射線被ばく	100 mSv 未満		

（注）BMI＝体重 kg/(身長 m)^2
出典：国立がん研究センター「わかりやすい放射線とがんのリスク」に基づき著者作成。

いい情報を集めて自分の考えの正しさを補強する現象を確証バイアスというが、低線量の放射線被ばくは心配ないことを強調するために、情報の取捨選択がなされているのではないかという疑念である。確かに、私たちは物事を判断する際、ある特定の情報に必要以上に囚われてしまう傾向がある。アンカリング（係留効果）である。喫煙や飲酒といった私たちに馴染み深い指標がアンカーとなって、それを基準として放射線被ばくのリスクを判断するよう誘導しているようにも見える。

また、私たちは一般的に権威に対して弱い。医師や弁護士、大学教授など、職業を聞いただけでその道の専門家だと思い、そのような権威ある（と思われる）人が説明すると、少し違うのではないか思ったとしても反論は難しい。見方を変えれば、福島第一原発事故は、低線量被ばくに関する疫学的知見を得

られる絶好の機会でもあることから、低線量無害説を唱える医師や研究者は、なるべく多くの市民を治験者にしようと企てるデマゴークのようにも映る。

　もちろん、喫煙や飲酒の発がん増加率が間違っているわけではない。国や東京電力と利害が一致する、あるいは良好な関係を保つ必要がある一部の人たちを除けば、安全情報を流すことによって彼（彼女）らに特別な利益がもたらされるわけでもない。ほとんどの場合、社会に不要な混乱や動揺が生じないよう実直に自説を訴えているに過ぎない。

　にもかかわらず、表5-1見て違和感を持つ人がいる理由の1つは、私たちは偏った情報をもとにして判断しがちであり、それが誤った結論を導く場合があることを日常で学んでいるからである。

　リスクを避けるための情報収集の基本は、安全情報と危険情報、楽観情報と悲観情報、賛成情報と反対情報という具合に、まったく異なる情報をバランスよく収集することにある。私たちの実践知は、例えば次のような情報を入手しようとする。

① 運転免許者が死亡事故を起こす確率は年0.005％（2015年）に過ぎないが、自動車の対人賠償保険率は73.8％（2015年度末）であり、うち93.8％（同）が賠償額「無制限」に加入している。

② ベンチャー企業の成功確率は0.1％～0.15％ときわめて低いが、日本では転職希望者のうち約3割が起業に関心を持っており、1979年から2012年にかけて、毎年20～30万人の起業家が誕生している。

③ ジャンボ宝くじの1等当選確率は1,000万分の1に過ぎず、毎回20枚年4回80年買い続けても1等に当選する確率は0.064％だが、2015年の日本における宝くじの年間販売額は9,154億円、最近1年間に1回以上購入した人の割合は49.1％（約6,240万人）、76.4％（約9,710万人）は過去に1回以上購入している。

④ 日本の自殺率は0.017％（10万人当たり17.15人：2016年）だが、2006年には自殺対策基本法が制定され、政府は自殺対策に793億円（2016年度当初）を計上、各省庁、都道府県、政令指定都市も自殺対策連絡協議会や自殺総合

対策窓口を設置している。

⑤犯罪で死傷する確率は年0.024％(2015年)、社会問題化しているストーカー被害にあう確率は年0.017％(2015年)、振り込め詐欺にあう確率は年0.01％(2015年)に過ぎないが、2000年にストーカー規制法(ストーカー行為等の規制等に関する法律)、2008年には振り込め詐欺救済法(犯罪利用預金口座等に係る資金による被害回復分配金の支払等に関する法律)が施行され、警察も対策を強化している。

物事は多面的に見なければその全体像は把握できないのが普通である。努めて様々な情報を収集したとしても、実際には全体像を知るには不十分にならざるを得ないことが多い。例示した情報で十分というわけではもちろんないが、不十分な情報しか入手できない場合でも、入手情報のバランス(多様性)は重要である。少なくとも、物事を特定方向から照射した情報だけでは判断しないとするのが実践知である。

なお、本書で言う「安全」とは、私たちに心身的被害が生じないと科学的証拠に基づいて判断されることであり、「安心」とは、私たちが予想、期待する状況と結果が大きく異ならないと信じ、もし異なる結果になっても受容の範囲内に収まると信じられることを指している。前者は事実に基づく客観的判断であり、後者は私たちの主観的判断に依存するものである。

「取り返し」問題

安全・危険双方の情報を入手した私たちが次に行う作業は、低線量の放射線被ばくが自分(家族)にとって「取り返し」のつかない事態を招く可能性があるかどうかの判断である。言い換えれば、確率の大小に着目することが適当な問題か、それともリスクがゼロでないことに着目すべき問題なのかということである。

低線量放射線による発がん率は無視して差し支えない、何も心配する必要はないと言う医師や研究者も、確率的にはさらに無視して差し支えない、全く何も対応する必要はないはずの年0.005％(2015年)の自動車死亡事故に備

えて、毎年掛け捨ての自動車任意保険に加入している。このような一見矛盾する行動が生じる理由の1つは、「観察者」と「当事者」の違いからくるものである。

確かに、私たちが運転中に死亡事故を起こす確率は、放射線被ばく（100-200 mSv）の発がん増加率に比べてはるかに低い。これが観察者の視点である。しかし、もし万一死亡事故を起こし、任意保険に入っていなければ、自分だけでなく家族の人生も変えてしまう、取り返しがつかないことになりかねない。他人にとっては約2万500分の1（2015年）に過ぎない確率の出来事であっても、加害者、被害者にとっては確率100％の出来事である。これが当事者の視点である。どのように低い確率でもいったん起きれば対応困難な重大事故に対しては、リスク軽減のために予め策を講じておくのが、生きていくためのリスク管理の基本である。

通勤電車はほとんど定刻どおり動くが、まれに突然の事故や災害で遅れたり、運休することもある。電車は通常通り運転するという安全情報と電車が遅れる可能性があるという危険情報の両方を持っているので、何か不都合があっても間に合う時間を見計らって、少しばかり早めに家を出るのである。例えば大学受験や就職面接、重要な会議など絶対遅れてはならない場面では、私たちは何があっても時間に間に合うよう万全を期すことになる。このような場合、リスク確率の大小を問わず、限りなくゼロに近づけるために可能な限りの予防措置を講じるのである。

科学に全面的信頼を寄せる研究者は、子どもを持つ福島県内の母親らの低線量被ばくへの危惧について、知識の乏しい素人の感情的反応と見なす傾向にあるが、例えば水俣病の原因がチッソの工場排水にあると直感的に理解したのは地元住民であり、研究者はむしろ当時の科学的知見に囚われ、現実を正確に理解することができなかった。科学至上主義を標榜できるほど科学技術が完全ではないことは、東日本大震災を機に地震学の知見が一変したことでも明らかであろう。そもそも科学技術自体、直感的なひらめき（仮説）を検証する積み重ねによって発展してきたものである。問題解決のためには、学

問知と実践知双方の知識をうまく活用しなければならない。

　さて、物事を判断する際にある人が右（全く無害）だと言い、別の人が左（有害）だと言う場合、両極の考え方の中間を取るのが最も誤差（被害）が少ないやり方であることも、私たちは経験的に知っている。したがって、もし健康被害を取り返しがつかない問題と判断する場合には、100 mSv 未満の被ばくの影響について「影響はない可能性が高いが、もしかしたらあるかもしれない」、つまり万一の事態が生じることを想定してリスク対策を行うのが、実践知が導く一般的な結論となる。

　もちろん、どの程度のリスク対策を取るかは、私たち市民がそれぞれ判断するものであり答えも一様ではない。ただ、注意すべきことは、仮にしきい値は存在しており 100 mSv 未満の被ばくであれば問題ないという主張を支持する場合でも、もし万に一つ問題が生じた場合にはその結果を受け止めるという判断も同時に採用する必要があることだ。まったく何のリスクも伴わない（ゼロリスク）の行動選択はあり得ないからである。

　一方、しきい値は存在しない、100 mSv 以下でも被ばく量に応じて健康被害が生じるという見解に同意する場合には、別のリスクを担う必要がある。例えば、汚染された故郷を離れ新天地で人生の再設計に取り組むというリスクである。いずれの場合も自分の行動選択の責任は自分にしか取れない。様々な人の意見に真摯に耳を傾けることは、行動選択の過誤を避けるためには不可欠であり重要なことだが、彼（彼女）らが私たちの人生に責任を持つことはできないし、終生面倒を見ることもできない。他人の意見は貴重ではあっても、それでも参考意見以上のものではないのである。

5　幸福の構成要素

　私たちが問題に対処する必要があると判断するのは、望ましい状況と現状にギャップが生じ、あるいは望ましくない状況になる可能性が高いと思うからである。私たちの行動目的が望ましい社会状況、つまり自分や家族の幸せな生活の確保や充実にあるとすれば、選択すべき行動は目的の実現にとって

有効なものでなければならない。長期にわたる低線量放射線被ばくという環境変化への行動選択は、私たちの幸福がこれまで居住していた地域で確保できるのか、それとも他の地域に住むべきかという問題に帰着する。どちらかを選ぶためには、まずどの程度以上の被ばくが自分や家族の健康に障害を与えのるかを自分なりに判断しなければならない。次に、今後の除染作業がどのように進み、あるいは飲食物の安全はどのように確保され、それは自分が判断した被ばくの安全基準と適合するのかどうかを推測する必要がある。そして、地域の社会経済復興の前提となる社会基盤の再整備や地場企業の再生、他の住民の帰還等は果たして順調に進むのかといった地域社会に対する将来予測を立て、どちらの選択が自分や家族の幸福につながるのかを考えることになる。

経済的利益・国内総生産

　まず検討すべきことは、私たちの幸福はどのような要素によって成り立っているか、どのような要素を確保する必要があるのかである。何をもって幸福と見なすかについては、大別して2つの考え方がある。

　1つは、私たちの生活基盤である経済的な豊かさを指標とする考え方である。行動選択の基準は費用便益の差であり、個人レベルでは自己の経済的利益（収入や資産）、社会レベルでは国内総生産（GDP）が主要指標となる。関東地方の消費者の放射能汚染米に対する選好をインターネット調査した研究（栗山：2012）では、2011年6月時点で、平均的な消費者は1年食べ続けた場合に1 μSv 余分の被ばくをする米は35円/5 kg、福島県の米は、放射性物質の濃度にかかわらず、670円/5 kg 安くないと買わないという分析報告がなされている。（なお、2012年2月時点での追加調査では、それぞれ 1.2円/5 kg、410円/5 kg に下がっている。）

　また、福島県における2011年産のコメの出荷制限に関する分析研究（岡：2012）では、1件の死亡が平均的に40年の余命を失わせ、余命を1年延長することに対して支払っていいと思う金額を630万円〜3,300万円（生命の価値

を2億5,200万円～13億2,000万円)、放射性セシウムの損失余命係数を6.2×10^{-6}(日/Bq)と仮定した場合、損失余命9.85人/年が回避され、その便益が1億6,000万円～3億円、一方で出荷制限に伴う損失は約89億5,000万円になるとの推計結果も報告されている。

　日本では大学卒の平均生涯年収が3億円弱である。日本人が死亡率削減に支払ってよいと思う金額は3億5千万円という研究報告(竹内・柘植・岸本：2005)に基づけば、前述の出荷制限は26人以上の死亡増加が見込まれない限り、幸福度を減少させる不合理な規制となる。また、経済産業省電力需給検証小委員会(2015.10.20)の試算によれば、原子力発電を火力発電に変えた場合のコスト増は、年平均(2011～2015年)で2兆9,400億円であることから、今後、事故等によって年8,400人以上の死亡増加が見込まれない限り、原子力発電を継続することが国民の総幸福量の増大に寄与するという結論になる。

　このように、私たちの健康や生命、精神的不安や苦痛を貨幣価値に変換し、経済的利益との比較によって判断する立場からは、買い控えや食品安全基準の厳格化は合理的選択とは言えず、国の対応は国際放射線防護委員会の勧告にある「防護の最適化原則」に反するとの主張がなされることになる。

　日本農学会のテクニカルリコメンデーション(2011.11.17)は、放射能汚染を受けた地域の農業関係者に共通するのは風評被害に対する恐怖であるとし、現在、放射性物質による汚染がほぼ正確に理解され、出荷、流通段階での検査等で安全性が確認された状況で、事故地周辺の農産物を避けることは公正な市場を損ねることになりかねないとしている。さらに、残念ながら、ときに、他地域の地方自治体と住民までが「風評加害者」となり、放射能汚染は、差別のような日本人の心の汚染にまで広がっているという指摘さえあるとしている。

　「風評被害」についての理解は人によって異なるが、本来は根拠のない情報によって消費が手控えられるなどの被害を指している。日本中が放射性物質に汚染されているといった誤った情報の流布で、九州、沖縄の外国人観光客が減少するという例などである。したがって、放射性物質汚染の場合も、基

準値以内ならば購入するという消費者が、福島県産の農産物すべてが基準値を超えているという誤った情報、または憶測をもとに購入しない場合には風評被害に該当する。一方で、より安全、安心な食品を購入したいという意識から、減農薬や有機農法によって生産されたものを選ぶ消費者がいるように、基準値以内であることを理解したうえで、より放射性物質が少ない農産物を消費者が選ぶ場合は、より品質の良いものを買いたいという消費者の一般的な選好の結果である。これは、流言飛語による風評被害ではなく、放射性物質汚染により生じた経済的被害の範疇に入る。

　これらの研究や主張は、主に短期的な経済利益に関心を寄せるものであり、戦後復興期から高度成長期に発生した公害問題の際にも採用された伝統的な経済学的アプローチである。水俣病の場合も、チッソは化学肥料を始め日本の経済発展に欠かせない化学製品を製造する会社であり、貨幣換算した人的被害よりもチッソがわが国にもたらす経済的利益がはるかに高いと考えられていた。また、大都市部を中心に深刻であった大気汚染についても、ぜん息等の健康被害をなくすという利益を確保するために自動車使用を制限することは、経済的損失が大き過ぎると考えられた。

　しかし、1970年にアメリカで排ガス規制強化のために制定された「1970年改正大気清浄法（マスキー法）」に対する日本の自動車産業の対応を見れば、環境規制が必ずしも経済的損失だけをもたらすわけではないことがわかる。マスキー法の規制基準は厳しく、当時の自動車業界では対応困難な水準であったことから大きな衝撃をもたらした。しかし、ホンダと東洋工業がまず技術革新に成功、マスキー法の基準をクリアし、技術的競争優位をもって大手自動車メーカーのトヨタ、日産に挑んだ。その後、規制基準をクリアした日本の自動車メーカーとアメリカのビッグ3の間で同じ構図が再現されることになった。以後、イノベーションに遅れをとった米国の自動車業界は次第に競争力を失っていくのである（石川：2010）。日本の中長期的な経済的利益を視野に入れる場合には、放射能汚染に対する規制強化の経済的評価は、短期的な損失と併せて技術革新がもたらす利益についても視野に入れる必要がある。

研究者や産業界の一部に環境配慮型の技術開発を求める声があるのは、国際市場における日本企業の技術的競争優位を実現する契機として、中長期的観点から捉えているからである。

このような経済的利益に着目する価値観は、私たちの日常生活でも定着している。例えば、日本の自動車運転免許取得者は8,215万人（2015年末）、自動車保有台数は約7,700万台だが、1年間で約4,117人（2015年）が交通事故で死亡し、負傷者は年66万人（同）を超えている。私たちは自動車が無視できない人的被害をもたらすことを十分承知している。しかし、自動車使用に反対しないのは、享受する経済的利益の方がはるかに大きい（使用を禁止することの損失があまりに大き過ぎる）からである。

非経済的利益・国民総幸福量

もう1つは、経済的豊かさと精神的豊かさのバランスを重視する考え方である。代表的な指標に国民総幸福量（GNH：Gross National Happiness）がある。これは、ブータン王国（人口約70万人、国土は九州とほぼ同じ）の基本的な国家戦略にもなっている。ブータンでは、GNHを4つの柱（1. 持続可能で公平な社会経済開発、2. 文化的、精神的な遺産の保存、促進、3. 然環境の保護、4. 良好な統治）に区分し、9分野（1. 心理的幸福、2. 健康、3. 教育、4. 文化の多様性、5. 環境、6. コミュニティーの活力、7. 良い統治、8. 生活水準、9. 自分の時間の使い方）で72の指標が設けられている。心理的幸福とは、例えば寛容さや自愛、満足感などであり、心理的不幸とは怒りや不満、嫉妬などを指している。国連が作成した世界幸福度ランキング（2015年度版：対象158か国）では、第1位がスイス、次いでアイスランド、デンマークが続き、15位アメリカ、21位イギリス、26位ドイツ、タイ34位、日本は46位にランクされている。

この考え方によれば、人や自然環境の価値は貨幣換算できない性質のものとして理解される。国家の目標は国民の幸福実現であり、経済成長は数多い手段の1つに過ぎない。すべては相互依存の中にある。利己心ではなく利他心、慈悲心という心の豊かさが人々の経済を循環させるとし、自然との共存

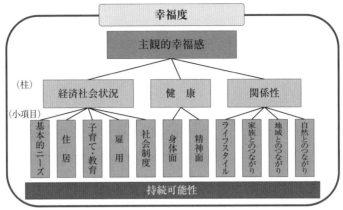

図5―5　幸福度指標
出典：内閣府　幸福度に関する研究会（2011）「幸福度に関する研究会報告―幸福度指標 試案―」

による豊かな実りに感謝する精神を重視する。

　実際、ある一定の経済水準に達するまで幸福度は経済成長と比例関係にあることが明らかにされているが、すでに一定の経済水準に達している先進国では経済的な豊かさが必ずしも幸福感に結びつかないという「幸福のパラドックス」の存在が指摘されている。

　今回の東日本大震災の復興では、被災者が希望や幸福を取り戻すためには何を優先すべきかが問われているが、震災後の2011年12月、内閣府は幸福度を測る132の指標（試案）を公表した。図5-5はその概略図である。多くの人たちは、「経済社会状況」が安定し、「健康」や「関係性」が良好に保たれている時に幸福だと感じることが明らかにされている。

　「経済社会状況」とは、人間生活を送る上での基盤となるものであり、一定の収入、安心して生活を送れる住居、子育てや教育環境、安定的な雇用を指している。「健康」では、身体的健康とともに、心理的、精神的健康も重要な要素とされている。「関係性」とは、経済環境や社会関係との関わりを規定するライフスタル、家族間の接触度や家族生活の満足度、困った時に助けくれる者存在などの家族とのつながり、住民同士の交流や子育て、災害時におけ

る協力などの地域等とのつながり、地元の自然への理解や親しみ、関わりなどを指している。

なお、幸福感を構成する要素の何を重視するかは、年齢層によっても異なり一様ではない。最も重要なものは、男性の 10 代後半～20 代前半では「友人」、20 代後半～50 代前半は「家計」と「家族」、50 代後半以上では「健康」となっている。女性は、10 代後半では「友人」、20 代前半～30 代後半は「家族」、40 代前半以上は「健康」が最も重要とされている。

この幸福度指標は言わば平常時のものであり、福島第一原発事故などの非常時に求められるものとは必ずしも一致しないであろう。また、被害者についても、居住地域や勤務地、年齢や世帯構成などによって重要指標やその優先順位は自ずと異なるものとなる。

6　不確実性と意思決定

放射線被害の有無をどう予測し、どう対処するかは、自分だけでなく家族の人生にも関わる重大な問題である。熟慮すべきことは言うまでもないが、不確実な将来予想を含む意思決定については、いくつかのアプローチが提唱されている（足立：1994）。なお、文脈に合わせて利得や便益という言葉を使っているが、いずれも本書で使っている利益と同義の経済的、非経済的な幸福度（満足度、充足度）を指している。

表 5-2 は、低線量汚染地域に居住し続けるか、それとも被ばくを避けて他の地域に移転するかの利得（損失）表の例である。ここでは「2010 年度国民生活選好度調査（内閣府）」を参考に、私たちが幸福感を判断する主な要因として「家計」、「健康」、「家族」を便宜的に仮定している。被災以前の幸福度を 100、家計（安定的収入、消費）、健康、家族（家族関係、子どもの教育など）を幸福度の主な構成要素とし、それぞれの割合を 40、40、20 として次の想定を行っている。

なお、どの時点での比較を行うかだが、低線量放射線被ばくの影響が明らかになるのはかなり先のことになるが、ここではその影響が 10 年後に現れ

表5−2　利得（損失）表

行動選択肢＼将来予想	低線量放射線被ばく	
	影響なし	影響あり
①案　とどまる	−5	−35
②案　転居する	−15	−15

たと想定して、その時の幸福度の状況を考えることとする。まず、これまでの地域に住み続ける場合でも、一部住民の転出や企業の撤退、廃業などによる地域経済の停滞から収入が減少することを想定し40から35に減少すると仮定する。放射線被ばくの影響が家族に出た場合は−30、関係性は変化しないものとする。他地域への転居は転職等に伴う収入減が予想されることから−10とし、転居後は以前住んでいた地域の放射線被害の有無には影響されないが、新たな人間関係を作る苦労などがあるので−5と仮定する。利得（損失）表には、どの程度幸福度が減少するかを記載している。

　これらの将来予測は被害者の置かれている状況によって大きく異なることになる。また、実際には複数の要素が相互に関連しており、私たちは頭の中でそれらを総合的に勘案して結論を出すことから、数値化も容易ではない。ここで説明する意思決定モデルは、不確実な状況下で行動選択を行う際に、うまく整理がつかなかったり、堂々巡りに陥りやすい私たちの頭の中を整理するための、1つの手がかりを提供するものである。

(1)　ラプラスの原理（Laplace principle）

　将来起こり得る各々の確率がわからない場合、発生する確率を恣意的に想定するより各々の状態が同様の確率で起こると想定する方が合理的だという考え方である。

　「影響なし」となる確率＝0.5、「影響あり」となる確率＝0.5となる。

　　①案の期待値：　$-5 \times 0.5 + (-35 \times 0.5) = -20$
　　②案の期待値：$-15 \times 0.5 + (-15 \times 0.5) = -15$

となり、この例では②案（転居する）を選んだ方が幸福量の減少は少ないことになる。

(2) マクシマックス原理（maximax principle）

　最も楽観的な見通しを立てて、その状況下で利益が最大になる選択肢（最善策）を選ぶというものである。例でいけば、①案、②案ごとに最大の利益が得られる選択肢を選び、選んだ選択肢の中から最大の利益となる案を選ぶものである。

　次のような見通しが立つ場合には、今住んでいる場所にとどまる①案が選択されることになる。

・100ミリシーベルト未満では健康に影響はないとする説は信頼できる。
・政府が行っている除染や食品規制対策は信頼できる。
・居住地域や食べ物の汚染状況を確認、注意して生活すれば健康に影響はない。

行動選択肢＼将来予想	低線量放射線被ばく 影響なし	低線量放射線被ばく 影響あり	最大利益
①案　とどまる	★ −5	−35	★ −5
②案　転居する	★ −15	★ −15	

(3) ミニマックス原理（minimax principle：マクシミン原理）

　各選択肢がもたらす最悪の結果に着目し、その中でもっともましな（損失が最も少ない）選択肢を採用するものである。①案、②案ごとに最大の損失をもたらす選択肢を選び、選んだ選択肢の中から最小の損失で済むものを選ぶことになる。次のような見通しが立つ場合には、転居する②案が選択されることになる。

・100ミリシーベルト未満では健康には影響があるとする説は信頼できない。
・政府が行っている除染や食品規制対策は信頼できない。
・居住地域や食べ物の汚染状況を確認、注意して生活していても健康への影響は避けられない。
・仮に発症率は低くても、家族ががんになる可能性を無視できない。

行動選択肢＼将来予想	低線量放射線被ばく		最小損失
	影響なし	影響あり	
①案　とどまる	−5	★−35	
②案　転居する	★−15	★−15	★−15

(4) ハーヴィッツの原理 (Hurwicz principle)

　将来の不確実性に対してマクシマックス原理は楽観的、ミニマックス原理は悲観的という両極的な将来予想であるが、そこまで極端には考えない人も多くいる。同じ人間であっても時と場合によって、楽観的になったり悲観的になったりするし、その程度はまちまちである。ハーヴィッツは、マクシマックス原理が想定するほど楽観的ではないが、ミニマックス原理が想定するほど悲観的でもない人たちの選択をも説明できるような原理を示した。ハーヴィッツは、不確実な将来予測に対する楽観指数 α ($0 \leq \alpha \leq 1$) を導入し、予想最大利益の α 倍と予想最小利益の $(1-\alpha)$ 倍の和が最大となる選択肢を選択することが合理的だとしたのである。

　例えば、$\alpha=0.7$ の人 (やや楽観的な人) は、①案を選択すると $30 \times 0.7 - 35 = -14$、②案を選択すると -15 なので、①案を選択することが適当となる。また、$30\alpha - 35 = -15$ とすると、$\alpha \fallingdotseq 0.67$ となるので、この例では楽観指数が 0.67 以上の人は①案、それ以下の人は②案を選択するのが適当となる。

行動選択肢＼将来予想	低線量放射線被ばく		合　計
	影響なし	影響あり	
①案　とどまる	−5	★−35	$-5\alpha - 35(1-\alpha) = 30\alpha - 35$
②案　転居する	★−15	★−15	$-15\alpha - 15(1-\alpha) = -15$

(5) ミニマックス後悔原理 (サヴィッジの原理)

　意思決定を行う際には、その時に最善と思う選択をするのだが、後になって別の選択をすればよかったと思うことも少なくない。日常的に生じるこの種の後悔に着目したのがサヴィッジ (Savage) である。幾つかの将来予想がそ

れぞれ現実のものとなった時、どの選択肢が最大の利益をもたらすかをそれぞれ検討し、次いで他の選択肢を選んだ場合に生ずる後悔（最大利益との差）をそれぞれの選択肢について計算し、最大の後悔が最小になるような選択肢を選ぶというものである。

　この原理では、結果的に最善の選択肢を選択した時の後悔をゼロとするので、将来予測ごとの各選択肢の値から最大利益値を引くことにより、後悔値（機会損失）の表を作る。例えば、被ばくの影響がなかった場合には、①案（とどまる）を選択した時の利益が－5で最大値なので、①案を選択していれば後悔しなかった（0）のに、②案（転居する）を選択したら－35－(－5)＝－30の後悔をすると考える。このようにして修正した利得表にミニマックス原理を適用するのである。この例では、後悔の最小値は－10であり②案が採用されることになる。

　このモデルで、もし被ばくの影響による幸福度の減少を40⇒10（－30）ではなく、40⇒20（－20）だとすれば、①案、②案どちらが有利とは言えなくなるし、さらに転居した際の幸福度の減少を－15ではなく－20と見積もれば、①案が有利な選択となる。

行動選択肢	将来予想	低線量放射線被ばく		最小後悔
		影響なし	影響あり	
①案　とどまる		★－5－(－5)＝0	－35－(－15)＝－20	－20
②案　転居する		－15－(－5)＝－10	★－15－(－15)＝0	★－10

　これらの検討からもわかるように、不確実な放射線被ばくに対処するための意思決定は、低線量放射線の健康への影響や受容限度、国の除染や食品規制対策の信頼性、転居する場合に生じる所得の減少や、関係性の喪失と再構築など、家計、健康、家族といった幸福を構成する個別要素を、私たちがどう評価するかによって大きく左右されることになる。

被害者の判断

　実際に被災し避難生活を余儀なくされている被害者は、どのように判断しているのであろうか。福島大学災害復興研究所 (2012) が、2011 年 9 月〜10 月に双葉郡 8 町村に居住していた被災避難者 (有効世帯票 13,576) から得た調査結果は表 5-3 のとおりである。

　この調査によれば、全体の 34 歳以下の若年労働者層の 46.0%、35〜49 歳の 31.9% が地元に戻る気はないと回答している (65〜79 歳は 16.1%、80 歳以上は 12.2%)。戻らない主な理由は、除染の困難性、国の安全宣言への不信、原発事故収束の困難性、生活・資金面の不安であり、戻りたい主な理由は、地域への愛着、先祖代々の土地・家・墓がある、地元の人たちと共同復興したい、などである。働いて家計を支える年齢層や子どもを抱える世帯の帰還希望が少なく、年金生活者層に帰還を希望する世帯が多いのは、安定的収入の有無や幸福度の優先順位の違いからくるものであり、この傾向は過去の大規模災害の場合と同様である。すぐにでも戻りたいという人は全体で 4.4% に過ぎず、63% 近くの人が他の人たちが戻った後に戻る、除染計画後、インフラ整備後としており、地域の安全と経済社会機能の回復が帰還の条件となっている。

　また、82% 近くの被害者が義捐金・仮払補償金に頼る緊急避難的な生活を送っており、生活上の困難として、避難の期間がわからない (57.8%)、今後の住居・移動先の目処 (49.3%)、放射能の影響が不安 (47.4%)、生活資金の目処が立たない (30.5%) ことをあげている。

　意思決定モデルの事例と同様に、被害者は、経済社会状況、健康、関係性のすべてを同時に満たすことが難しいジレンマの状況にある。自分や家族の幸福度を少しでも確保するために、それらに優先順位をつけなければならないが、特に安定的収入の確保は今後の生活設計の基盤となる重要な問題である。三宅島噴火災害 (2000 年) では、被災者は 4 年 5 ヶ月の避難生活を余儀なくされたが、見舞金などの一時的収入や臨時収入に頼る生活を続けるのは困難であることや、安定的収入の確保が生活再建の第一歩となることが明らか

表5―3 双葉郡8町村に居住していた被災避難者調査結果（抜粋）

（1）帰還の意思について
　①戻る気はない 24.8%　②他の町民の帰還後 25.5%　③除染計画後 20.8%
　④インフラ整備後 16.2%　⑤すぐにでも 4.4%　⑥その他 8.3%
（2）戻らない理由（複数回答）
　①放射能汚染の除染が困難 83.1%　②国の安全宣言レベルが信用できない 65.8%
　③原発の事故収束に期待できない 64.1%　④今後の生活・資金面の不安 41.7%
　⑤他の家族が反対している 14.5%　⑥すでに新しい仕事がある 7.1%
（3）戻りたい理由（複数回答）
　①暮らしてきた町に愛着がある 69.6%　②先祖代々の土地・家・墓がある 64.7%
　③地域の人たちと一緒に復興していきたい 45.2%
　④地域での生活が気に入っている 42.6%
　⑤見知らぬ土地、生活環境変化に不安 38.2%　⑥他の場所に移るあてがない 32.7%
　⑦家族や他の町民が帰ると言っている 10.5%　⑧その他 9.5%
（3）現在の生活設計（複数回答）
　①義捐金・仮払補償金 81.6%　②年金・恩給 39.7%　③勤労収入 35.0%
　④貯金 34.4%　⑤その他 11.5%
（3）現在の生活困難（複数回答）
　①放射能の影響が心配 57.8%　②生活費が足りない 34.7%
　③住居のめどが立たない 33.4%　④仕事や事業がない 30.5%
　⑤健康や介護度が悪化した 26.8%　⑥周りの人との人間関係 25.2%
　⑦家族関係が悪化した 28.5%　⑧子どもの学校など 15.8%
　⑨特にない 6.1%　⑩その他 12.5%
（4）今後の生活上の困難
　①避難の期間がわからない 57.8%　②今後の住居・移動先の目処 49.3%
　③放射能の影響が不安 47.4%　④生活資金の目処が立たない 30.5%
　⑤同郷の知人・友人とのつながり 20.0%
　⑥子どもの教育の心配 15.0%　⑦避難先での職が見つからない 14.4%
　⑧周りの住民との関係 13.3%　⑨事業の目途が立たない 9.6%
　⑩その他 6.5%
（5）帰還まで待てる年数
　①1-2年 35.7%　②2-3年 22.8%　③いつまでも 13.9%　④1年以内 12.3%
　⑤3-5年 10.9%

出典：福島大学災害復興研究所編（2012）「平成23年度 双葉8か町村災害復興実態調査基礎集計報告書（第2版）」に基づき著者作成。

にされている。福島第一原発事故の被害者も、まず安定した収入が得られる場所に住み、生活基盤を安定させることが、将来設計の前提となる。5割近くの被害者が帰還まで待てる年数は2年以内と回答しているように、先の見えない生活を続けることは、経済的にも精神的にも難しい。

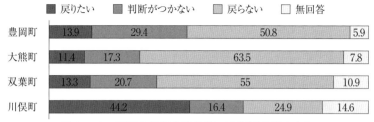

図 5—6　原子力被災自治体住民の帰還希望の有無
出典：復興庁「2015 年度原子力被災自治体における住民意向調査」に基づき著者作成

　高濃度汚染地域の自治体では、東京電力や原子力政策を推進してきた国に対して、失われた故郷の復元、復興を強く訴えており、住民の域外流出に強い危機感を抱いている。首長を始め関係者の地元に対する深い愛着は十分理解できるが、自治体の使命が住民の幸福の追求にある以上、まず住民の生活再設計が最優先されなければならない。それは安定的な収入確保から始まるのであり、十分安全な除染の見通しの立たない中で、希望的観測に頼って住民を地元に戻すことに腐心することが、必ずしも住民本位とは限らない。

　特に、勤労収入によって生計を維持しなければならない被害者に対しては、就業可能な移転先を手当てする必要がある。帰郷は、被害者の幸福実現にとって重要な手段ではあるが目的ではない。故郷を捨てるのではなく、故郷が住めるようになるまでの間、移転先で安定した職につき家族を養い、財産を蓄えるという発想が必要となる。移転先に永住するか故郷に錦を飾るかは、除染が進み、社会基盤が整備され、帰郷可能な状況が実現した後に被害者が個別に判断することである。

　福島第一原発事故以降、復興庁は原子力被災自治体の住民以降調査を継続して行っている。被災 5 年後の 2015 年度調査では、地域全体が避難指示区域となった 6 町村で、避難指示が解除されれば地元に戻りたいという世帯の割合は、単純平均で 22.2％ にとどまった。原発が立地する大熊町が 11.4％（戻らない：63.5％）と最も低く、次いで隣接する双葉町の 13.3％（戻らない：55％）

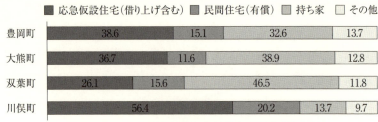

図5—7　原子力被災自治体住民の居住状況
出典：復興庁「2015年度原子力被災自治体における住民意向調査」に基づき著者作成

である。汚染度の低い地域ほど帰還希望は多いが、最も多い川俣町で44.2％である。

　戻らないと決めている主な理由として、①生活用水、原子力発電所や中間貯蔵施設の安全性への不安、②商業施設や医療機関など必要な生活環境が元に戻りそうにない、③住宅が劣化して住める状況にはない、④帰還までに時間がかかる、等があげられている。

　帰宅困難区域のうち、2020年には20 mSv以上の地域が約30％に、2030年時点では約16％に減少する見通しだが、住民の判断はすでに居住形態に現れている。避難指示解除が間近に見込まれていた川俣町では、被災5年後も半数以上が応急仮設住宅（借り上げ住宅を含む）に居住していた。他方、避難指示解除の時期が不明な帰還困難地域が大半を占める自治体では、双葉町で5割弱、大熊町で4割弱の世帯が他の地域ですでに自宅を購入している。

　復興庁の調査によれば、住民の帰還の意思の有無は、2013年度以降は概ね1割以内の変動にとどまっている。大半の住民は、事故から3年以内に将来に向けての決断をしたのである。

第6章

福島第一原発事故の被害補償と東電救済

　水俣病では、被害者の長い闘争を経て被害者救済のための法律が成立し、また原因企業に関する特別立法が成立したのも数十年後のことであったが、原子力災害の被害補償制度については福島第一原発事故以前に法律が整備されており、原因企業への公的支援についても災害発生から1年を経ずに立法化されている点が大きく異なっている。もし、これらの法律がなければ、被害者救済以前の問題として、東京電力や行政の責任の有無を巡る果てしない議論が延々と繰り返されていたことであろう。この点に関して言えば、法律制定のために被害者や関係自治体が膨大な時間と労力を費やす事態は、幸いにも避けられたと言える。しかし、福島第一原発事故によって、健康被害はもとより約10万人の住民が長期間の避難生活を余儀なくされた。また、農林水産業や観光業を始めとする地域経済への深刻な影響は広く周辺地域に及んでおり、地域の経済社会そのものが崩壊しかねない事態も生じている。被害総額の推計も数十兆円から数百兆円まで分かれているが、一地域の問題ではなく日本全体に影響を及ぼしている。

　本章では、福島第一原発事故の被害補償について、東京電力救済と不利益の社会的分配という観点から考えてみたい。

1　社会的意思決定のジレンマ

　これまで述べてきたように、水俣病や福島第一原発事故被害はいずれも社

会的ジレンマとして捉えられる。個人の合理的な選択が、社会全体としては最適な選択とならない状況では、私たちは短期的な私的利益を取るか、長期的な社会的利益を確保するかのいずれかの選択に迫られる。環境被害問題は、私的利益追求の結果として生じた社会的不利益を、誰がどのように負担するかという問題であり、私たちが自分だけの利益に固執する限り、容易に解決しない性格を持つ問題である。

取引フレームと倫理フレーム

　人間社会に生きる私たちの心の中には、社会問題を評価し意思決定を行うための2つの認識フレームがある（藤井：2004b）。1つは「取引フレーム」であり、問題を取引問題（business matter）と捉え、個人の利害得失の視点から判断する。もう1つは「倫理的フレーム」であり、物事を倫理的問題（ethical matter）と捉え、道徳、社会正義、公正といった視点から判断するものである。これは、私たちの持っている利己心と人間社会の一員としての公共心に対応している。どちらに重きを置くか、どの程度意識しているかは別にして、私たちは私的利益と社会的利益の両面から物ごとをとらえて判断している。

　私的利益の一方的追求の結果として発生する環境問題の性質上、環境被害を改善、解消するためには、当然ながら人間社会における公共性、社会性が求められるが、同時に利害関係者に受け入れられるものでなければならない。特に、私的利益と社会的利益の両立が難しく、社会的調整を図る必要がある分野では、私的利益を制限する対策に人々が納得できるかどうか、すなわち私たちの「受容意識」が重要になる。

　私たちの受容意識には「自由侵害感（infringement on freedom）」と「公正感（fairness）」が重要な役割を果たしている（藤井：2003、2005）。自由侵害感とは、これまで自分が享受していた様々なものが制約されたり失われたりすることへの不快感や苦痛のことであり、取引フレームからくる受容意識である。一方、公正感は倫理フレームに基づく受容意識であり、私たちが公正だと感じる度合いが高まるほど自由侵害感は減少し、政策への賛同が強まる傾向にあ

る。

　したがって、環境被害に対する政府の政策や原因者の対応が社会に受容されるためには、政策や対応の内容、あるいはそれらが実施される過程の中で、私たちが感じる公正感がどう確保されるかが重要となる。特に環境被害への対応について公正感が重要な理由は、復元困難な環境破壊や健康被害を含むことや、因果関係の科学的証明が困難な場合が多いことから、ある種の割り切りによって補償基準を決めざるを得ないからである。万人に公平、公正な補償基準の設定は理想だが、現実には困難である。したがって、関係者、特に被害者が納得できる（個人的、社会的観点から妥当と評価できる）公正感が、しばしば紛争化する環境被害の解決にとって大きな要素となる。また、広く市民に負担を求める場合には、被害者、原因者だけでなく社会受容、すなわち市民が納得するような社会的な合意形成に向けての取り組みが重要となる。

　私たちが抱く公正感の中身をもう少し詳しく見てみよう。私たちが公正だと感じる感覚は、「結果に対する公正感（分配的公正：distributive fairness）」と、「プロセスに対する公正感（手続き的公正：procedural fairness）」とに分けることができる（藤井：2004a）。ここでいう分配的公正とは、私たちの私的利益と社会全体の利益双方の分配に関する公正さのことである。その判断の基準としては、例えば国民年金のように平等性を重視した均等分配、あるいは叙勲のように貢献度に応じた応報的分配などがある。

　手続き的公正とは、物ごとの決定から実施に至る経緯（プロセス）に関する公正さのことである。この判断基準は、手続きの透明性や妥当性、意思決定者（機関）への信頼性などである（藤井：2005）。つまり、適切な時期に適切な方法で信頼性のある必要情報を関係者に提供するとともに、影響を受ける人たちの判断を反映した対策を考え、実施に際しては、配慮されたていねいな手続きが行われることである（ドイッチ：2003）。

　分配的公正の重要さは言うまでもないが、2つの理由から手続き的公正の重要性を指摘することができる。第1に、その対策がもたらす経済的、非経済的な利益や不利益をすべて金銭で評価することは困難であり、またそれら

を人々に公平に分配することも現実には難しい。被害補償問題には、多かれ少なかれこのような「避け難い不公平さ」がつきまとうためである。

　第2に、政策を受け入れる（または拒否する）人々にとっては、現実には「分配的公平感よりも手続き的公正感の方が大きな影響を持つ」からである（Rasinski & Tyler：1987）。意外かもしれないが、私たちは分配の公正さより公正な手続きや取扱いを受けているかどうかに、より強い関心を示す傾向がある（ドイッチ：2003）。例えば、道路建設など一部の公共事業を行う場合に、コンセンサス・ビルディング（consensus building）という市民参加型の政策形成手法が取られるケースが多くなっている。道路混雑を解消するために新しいバイパス道路を建設するような場合、行政が勝手に決めてしまうのではなく、地主や商店など影響を受ける地元住民にまず計画案を示し、住民の要望を聞きながら計画案を修正、合意を得られた案を実施に移すというものだ。バイパス沿いに立地する店は繁盛するだろうが、以前より自動車が通らなくなった商店街にとっては痛手である。このような避けがたい分配的不公平感を補い、社会的合意を獲得するために開発された政策形成手法である。

信頼と行動

　社会的な合意形成の手段としての市民参加は、手続き的公正を確保するための直接的な手法だが、関係者が多くなると意見を聴取したり会議を開くことが難しくなることから、ほとんどの場合、関係者が政策決定過程に直接関わることはない。その場合、政策に関する私たちの手続き的公正感は、政策決定者、すなわち行政や議会と私たちとの「信頼関係」の有無に左右されることになる（藤井：2005）。政策を決める人たちを信頼することができれば、私たちはその政策は適切な手順と検討を行って作られたものだと受け止めやすい。このことは、私的利益と社会的利益の調和が困難な社会課題の解決を図ろうとする場合、行政を含む関係者間の信頼関係の有無、あるいは信頼関係を作るための行動選択が重要になることを意味している。

　信頼は、相手から受け取る情報に依存することになるが、信頼を得る最も

現実的な方法は、私たちが「信頼するに足る」と認めることができる行動（信頼性行動）を当事者や行政が積み重ねることである（小杉・山岸：1998）。この信頼は、共感や誠実さを伴った協力行動への「期待」とも言い換えることができる。ある環境被害が生じた時、被害者の苦悩や痛みを被害者の立場に立って共感的に理解し、誠意をもって取り組む、そのような期待に応える行動が、政策の形成から実施に至る各過程で行われることが、被害者から見た信頼感を醸成するのである。

環境被害の補償問題において、この信頼性行動が重要な役割を果たす理由は、金銭補償にはその性質上大きな限界があることから、被害者が健康被害などの取り戻すことができない損失を自分自身で納得し受け入れるには、それを埋める精神的な納得感、充足感が必要になるからである。物理的に回復できない損失を埋めるものが、原因者や行政の被害者に対する共感であり、誠意であり、協力行動なのである。

しかし、いったん環境被害が生じると、原因者、行政と被害者の間のそれまでの信頼関係が崩れてしまうことから、被害者は原因者、行政に対して強い不信を抱くことになる。このような状況では、被害者は原因者や行政の言動を素直に信じることができず、むしろ詭弁やごまかしと感じてしまう。

中谷内（2008）は、「信頼を得るための要因として、①「リスク管理の能力-能力」（専門知識、技術力、経験など）、②「リスク管理の姿勢-動機づけ」（まじめさ、正直さ、誠実性、思いやりなど）」、③価値観の共有性、の３つを指摘している。つまり、まず問題を解決する能力があり、次に問題に取り組む誠実さ、真剣さがあり、さらにリスク管理の方向性、すなわち何が重要でどのような形での解決が望ましいかといった価値観を共有していることが確認されて、初めて「信頼」が生じ、私たちはようやく「安心」に至ることになる。

したがって、原因者や行政が、問題を早く解決するために円滑に被害者対策を進めるためには、まず被害者の不信を取り除き、失われた信頼を回復する努力から始めることが重要になる。環境被害における信頼を回復する行動とは、具体的には①謝罪、②被害状況の正確な把握、③情報開示、④コミュ

ニケーション・ルートの確保、⑤迅速な被害者対策の提案と実施、などだが、これらの行動の有無がその後の解決過程に決定的な影響を及ぼすことになることは、水俣病を始めとする環境被害の例からも明らかである。

しかし、日本における過去の環境被害の例を見る限り、原因者、行政ともに、結果として信頼よりは対立を深める行動を選択する傾向にある。その基本的原因は、環境被害に対するフレーミングが関係者によって大きく異なるためである。

2 無過失・無限責任

福島原発事故についても、後述のように因果フレームや責任の所在、私的利益と社会的利益については、立場によって認識が大きく異なっている。本章では、日本の原子力損害賠償制度である原賠法（原子力損害の賠償に関する法律）及び 2011 年 8 月 10 日に可決、成立した原賠支援機構法（原子力損害賠償支援機構法）を概観したうえで、主な論点を見ていきたい。

制度の概要

原賠法及び同法 10 条 2 に基づき立法された補償契約法（原子力損害賠償補償契約に関する法律）はいずれも 1961 年に制定されているが、当時、わが国は原子力の研究体制の強化とともに実用化が急がれていた時期であった。先進各国では 1950 年代半ば以降、原子力の産業利用の観点から相次いで原子力に関する特別の損害賠償制度が立法化されていたことから、原子力開発利用の促進という観点から原子力災害に対する賠償制度の確立が要請されていた。

原賠法の目的は、①原子炉の運転等により原子力損害が生じた場合における被害者の保護、②原子力事業の健全な発達を図ること、にある。原子力事故は国民の生命、財産に深刻な影響を与える可能性があり、特に放射線障害は症状の非特異性、潜伏性等を有するため、放射線被ばくと疾病との因果関係の立証が極めて困難な場合が多いという特殊性がある。このような性格を持つ原子力損害の賠償処理を一般的な事故被害として扱うとすれば、被害者

は加害者の過失の証明等きわめて困難な事態に直面することになる。また、事故が起こると多額の損害賠償も予想されるが、原因者である事業者に賠償能力が備わっていなければ、被害者の救済は一層困難になるからである。

一方で、原子力事業者の事業リスクを下げる観点から、巨額の損害賠償という不測の事態が生じた場合、一定の賠償措置額の制度的担保や措置額を超える賠償が生じた場合でも、国が必要に応じた援助を定めることにより、原子力事業の健全な発達の促進を図ることを意図したものである。

これらの観点から、同法では、①原子力事業者に無過失・無限の賠償責任を課すとともに、その責任を原子力事業者に集中し、②賠償責任の履行を迅速かつ確実にするため、原子力事業者に対して原子力損害賠償責任保険への加入等の損害賠償措置を講じることを義務づけ、③賠償措置額を超える原子力損害が発生した場合に国が原子力事業者に必要な援助を行うことが可能とすることにより、被害者救済に遺漏がないよう措置することが定められている。

無過失責任と責任の集中

原賠法では、原子炉の運転等により生じた原子力損害は、原子力事業者の故意・過失を問わず、原子力事業者が賠償責任を負うという無過失賠償責任を定めている（同法3条）。また、原子力事業者の賠償責任の限度額は特に規定されておらず、無限責任を負う。さらに、原子力事故の発生事由に関わらず、原因賠償責任は原子力事業者が負うものとし、損害が第三者の故意により生じた場合を除き、第三者に対する求償権を制限しており（同4、5条）、無過失・無限責任と責任の集中が大きな特徴となっている。

民法の不法行為責任の特例である無過失責任の性質は、危険責任として理解される。原子力に関しては未知の部分が多く、また原子力損害の発生について故意、過失の判断が困難な場合や、その立証が事実上不可能な場合が想定されるためである。なお、同法の制定当時、すでに同様の制度を持つ大半の先進諸国においても、未知の危険を内包する原子力事業を営む者は無過失

責任を負うこととされていた。

　同法は、「危険な活動を行っている企業は、被害者に比べると、その資力、技術、いずれにおいても損害発生を回避するのにより有利な立場にあること、そして、企業に損失を負わせることは、損失をより少なくするために企業に危険回避の努力を行わせる経済的誘因(economic incentive)となるであろうこと、また企業が損失させられても、それを企業コストの一部として製品またはサーヴィスの価格に転嫁し、あるいは保険を付するなどの方法で損失分散(loss spreading)を図りうること、など、危険物の管理者にその危険から生じた損失を負担させることには、合理的な理由がある」（森嶋：1987）とする考え方に基づくものである。

　また、原因賠償責任は原子力事業者が負い、その他設備等の提供者は責任を負わないこととされているが、次のような理由があると考えられる（内田：1979）。

(1) 設備、資材、役務等の供給者も責任を負うことにすると、企業としてのリスク計算ができず、供給を拒む事態が生じること。

(2) 損害保険の需要層が拡大し、一定の限界のある保険引受能力が細分化されてしまうので、損害賠償措置の効用が減殺されてしまうこと。

(3) 被害者にとっては、原子力事業者が無過失で責任を負い、また賠償についてのフィージビリティが確保されていれば、他の物に対する請求権がなくとも格別の不都合はないこと。

　同法の制定当時、原子力事業は広範な産業の頂点に立つ総合産業と位置づけられており、周辺産業から必要な資材、役務等の供給が円滑に行われなければ、原子力事業の発達が阻害される恐れが強いという認識が背景にあったためである。

損害賠償措置の義務

　原子力事業者に対しては、原子力損害を賠償するための措置（賠償措置）を講じていなければ、原子炉の運転等をしてはならないとして（原賠法6条）、一

定額の財源措置を義務づけている（補償契約法6条〜10条）。これは、原子力事業者の損害賠償義務の履行を確保し、被害者の保護に万全を期すとともに、万一の場合に生じる巨額の賠償責任を毎年支払う保険料に転化することにより、原子力事業者の経営リスクを低減するための措置である。原子力事業者は、施設ごとに原子力損害賠償責任保険（民間保険契約）と原子力損害賠償補償契約（政府補償契約）を締結している。民間保険契約では一般的な事故を、政府補償契約では民間保険では引き受けられない地震、噴火、津波などの天災と、正常運転及び事故発生後10年以上経過してからの賠償請求を対象としている。両者は相互補完的な関係にある。

原子力保険は、引受能力を最大化するために損害保険会社が共同でプール事務を行っており（日本原子力保険プール）、さらに各国の保険プール間で再保険契約が結ばれている。賠償措置額の上限は1工場・事業所当たり1,200億円とされている（1万kW超の原子力発電所の場合であり、そのほか種類・規模に応じ240億円、40億円という賠償措置額が政令で定められている）。

なお、原子力損害の賠償に関して紛争が生じた場合の仲介機関として、原子力損害賠償紛争審査会が置かれており、和解の仲介、当事者による自主的な解決に資する賠償の対象や範囲についての判定指針の策定、必要な原子力損害の調査及び評価を行うこととされている。

国の措置

深刻な事故が発生した場合、放射線被害は広範囲に及ぶことから、民間保険契約や政府補償契約の補償措置額を超える損害が生じることも予想される。そのような場合には原子力事業者による賠償負担に加えて、政府が必要と認めるときは国会の議決により権限の範囲内において援助することとされている（原賠法16条）。これは、被害者の保護に万全を期すとともに、原子力事業者の経営の安定の確保を図る趣旨からである。また、援助とは政府が被害者に直接補償することを意味するものではなく、損害賠償額が措置額を超えた場合に、原子力事業者に対して行われる補助や融資のことである。なお、

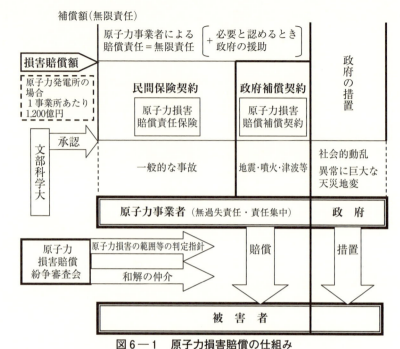

図6—1　原子力損害賠償の仕組み
出典：文部科学省HP「原子力・放射線安全確保」に基づき著者作成

政府が原子力事業者に援助した資金を求償することは妨げられていない。

　無過失・無限責任を負う原子力事業者が唯一賠償責任を免れ得るのは、「異常に巨大な天災地変又は社会動乱」により損害賠償が発生した場合である（同3条1項ただし書き）。この場合には、政府が「被災者の救助及び被害の拡大の防止のため必要な措置を講ずる」とされている（同17条）。

　異常に巨大な天災地変については、「日本の歴史上余り例の見られない大地震、大噴火、大風水災等をいう。例えば、関東大震災は巨大ではあっても異常に巨大なものとはいえず、これを相当程度上回るものであることを要する」とされる。社会的動乱は、「質的、量的に異常に巨大な天災地変に相当する社会的事件であることを要する。戦争、海外からの武力攻撃、内乱等がこれに該当するが、局地的な暴動、蜂起等はこれに含まれない」とされている

(科学技術庁原子力局：1991)。

　また、原子力事業者が免責される事態が生じた場合、政府が被災者の救助及び被害の拡大の防止のため必要な措置を講ずると規定されているのは、「このような場合における被害者は、原子力損害による被害者というよりは、国家的、社会的災害による被害者というべき」ものであり、政府は同法には関係なく、「一般の異常災害の場合と同様に、被災者の援助等に当たることとなるのは当然である」が、同規定は原子力災害という特質から「とくに念のために、政府が必ず措置を講ずるようにするものとすることを明記したもの」とされる(科学技術庁原子力局：1991)。原賠法の仕組みを図式化したものが図6-1である。

　原賠法は中公審答申より早く制定されているが、汚染者負担を原則としつつ、原子力の持つ未知の想定しがたい危険に備えて保険や政府の援助等を組み入れることにより、被害者の保護を期す形が取られている。

費用負担者

　福島原発事故の被害補償責任は東京電力にある。これは一見自明のように思われるが、異論が出された。その根拠は、原子力事業者に対する免責規定(原賠法3条1項ただし書き)にある。

　福島原発事故に関する東京電力への慰謝料請求訴訟の第1回口頭弁論において、東京電力は、「これまでの想像をはるかに超えた、巨大でとてつもない破壊力を持った地震と津波が事故の原因で、対策を講じる義務があったとまではいえない。原発の建設は法令に基づいて適切に行われてきた」として、争う姿勢を示した。

　また、日本経団連の米倉弘昌会長(住友化学会長)は、2011年4月11日の記者会見で、原子力損害賠償法には、大規模な天災や内乱による事故の場合には国が補償するとあるとし、国が全面的に支援しなくてはいけないのは当然としたうえで、政府高官が東京電力に被災者に賠償金を払えと言ったと伝えられているが、これは政府の責任だと非難した。福島第一原発の損傷につい

ても、原発は国によって安全基準が定められ、設計され建設されていると指摘したうえで、東京電力が甘いのではなく、国が設定する安全基準が甘かったとの認識を示し、徹底的に原因究明をして安全基準を見直し、より安全な方向に補強し直すべきだと語ったとされる。

　これは、企業損失の最小化という利益フィルターで選別された事実から組み立てられた因果フレームだが、略述すれば、①予想外の津波⇒異常に巨大な天災地変に該当⇒原賠法により免責、②東京電力は法令を順守していた⇒法令不備は政府の責任⇒免責、というフレーミングである。

　確かに、関係者の率直な思いとしては、今回の事故は予想外の事故だったであろう。しかし、予想外の事態がいつでも起こる可能性があること自体は、予想の範囲内である。2008年のリーマンショックによって、わが国のGDPはその後1年間で約48兆円減少し、多くの企業が倒産した。2011年にはギリシャの財政危機に端を発した国際金融不安により円が高騰、わが国の輸出産業は苦闘したが、いずれも予想外の経済的な天災地変である。また、2011年秋のタイの大洪水では日本企業400社以上が被災し、一部製品の製造、販売が困難になる深刻な事態が生じたが、これも予想外の天災地変である。

　原子力安全基盤機構（JNES）は、東京電力福島第一原発を襲った津波（約19m）は、東日本大震災以前の知見では10万〜100万年に1回の確率だが、震災以後の知見に基づけば、約670年に1回の確率で押し寄せる可能性があるとの解析結果を公表した（2012年4月27日）。東京電力は、土木学会などの知見に基づき想定される津波を約5.7mとしていたが、JNESは、これまで想定されていた規模の津波は東日本大震災以前の知見では約330年に1回、震災後の知見では約125年に1回の確率で発生する可能性があるとしている。

　また、東京電力の認識フレームには、支払困難な巨額の損失被害をもたらしたという点で、予想外の天災という意味も含まれている。しかし、東日本大震災等の自然災害だけでなく、様々な予想外の事態によって支払困難な損失、債務を負った企業は無数にある。近年では、東電と同様に公共事業者と見なされる日本航空が予想外の事態に陥り破たんし、銀行債権5,200億円が

放棄、株式は100％減資された。企業が債務超過に至る原因は様々だが、自己決定・自己責任を原則とする市場経済において、予想外の事態や巨額な損失という理由で企業が免責されることは通常あり得ない。

また、法令を順守してきたという事実をもって原因者が免責され、あるいは東日本大震災の津波に耐える原子力発電所の設置基準を制定していなかったという立法の不作為を理由に、国に責任を転嫁することも難しい。法令などの成文法は、技術的・物理的に社会事象の一部しかカバーすることはできず、法令と社会倫理は補完し合う形で社会秩序を形成している。法令は人々が守るべき必要最小の社会秩序を定めているに過ぎず、したがって法令遵守は企業が行うべき最大限ではなく最低限の義務を意味する。例えば、チッソは当時の法令には何も違反していなかったし、日本航空も法令を順守していた。先の認識フレームでいけば、このような想定外の事態を防ぐ法令を整備しなかった国に責任があることになるが、これは無理に過ぎるであろう。

原賠法に規定する異常に巨大な天災地変については、企業の利害や思惑とは別に、同法の立法趣旨に基づいて判断されるべき性格のものである。

原子力事業における利益

東日本大震災が原賠法3条ただし書きに該当するか否かについては、研究者間でも意見が一致しているわけではない。原賠法の目的は、「被害者の保護」と「原子力事業者の健全な発達に資する」ことにあり、2つの目的の両立を目指して対策を講じることが第一だが、両立が困難な場合、どちらをより優先するべきかという問題が生じる。見解が分かれる背景には、原子力発電事業を私的利益、社会的利益いずれを優先して追求する手段と見るかについて、認識フレームに相違があるためである。

1つは、原子力発電は公益事業であり、広く社会に恩恵をもたらすというフレーミングである。このような認識に基づけば、「原子力発電によって発生する高レベル放射性廃棄物の地層処分は、原子力発電の継続的運用を可能にすることであり、電気エネルギーの安定供給を全国すべての人々が享受する

ものといえる。」しかし、地層処分に対するリスクが立地地域のみに集中することから、候補に挙げられた地域はこれまで得ていた社会的利益を忘れ、一斉に反対運動を起こす。「この反対運動は、個人の欲求を追求していくと、必ずしも全体の幸福につながらない社会的ジレンマの典型であろう」という理解になる（久郷：2005）。事故発生後の関心も、電力の安定供給に向けられることから、東京電力の救済や原発再開が遅れれば、エネルギー不足によりわが国経済にも深刻な影響を与えかねず、東京電力を始め電力各社の負担を極力軽減する対策を早急に図るべきだとする。

　もう1つは、原子力発電は私的利益の追求活動であり、高すぎるリスクは社会に深刻な被害をもたらすというフレーミングである。何らかの理由で核燃料の制御が困難になると、その暴走の阻止は容易ではなく、結果として広範囲に放射性物質が拡散する。生態系への影響はもとより、数万人、時には数百万人に及ぶ放射線被ばくや、広大な地域が長期間居住や使用が困難となる。原子力エネルギーの安定供給によって、豊かな生活を送りたいという欲求を人々が追求し続ければ、いつか必ず社会的悲劇がもたらされるというものである。今回の事故によりそのリスクが現実のものになった以上、失われた社会的利益の回復（被害者の保護や環境再生）に全力を注ぐべきであり、エネルギー政策も原子力から新エネルギーへの転換を図るべきだとする。

　前者の立場からは、同法は原子力事業者に「著しい負担」を負わせないことを前提にしているのだから、仮に今回の大震災が異常な天変地変に該当しないとすれば、巨額な被害賠償を東京電力が担うことになる。経営基盤を揺るがすことは明らかで、原子力事業者の健全な発達という原賠法の目的が達成できない。また、減資や債権放棄の要求は、株主や金融機関等の債権者の財産権を侵害するものとの主張がなされることになる（野村：2011）。

　一方、後者の被害者保護や責任の厳格化を重視する立場からは、「原子力事業者は原子力損害に対する無過失賠償責任を負っているが、異常に巨大な天災地変とは、一般的には日本の歴史上例の見られない大地震、大噴火、大風水災等が考えられる。原賠法は、被害者保護の立場から原子力事業者の責任

を無過失賠償責任とするとともに、原子力事業者の責任の免除事由を通常の不可抗力よりも大幅に限定し、賠償責任の厳格化を図っているのであり」(原子力損害賠償制度専門部会報告：1998)、「少なくともわが国でわれわれの経験した最大の地震にも堪えうるようになっていなければいけないし、さらに、それに相当の余裕を見て科学的に予想しうる最大の地震にも堪えうるようにしておくべきであろう。」「原子炉のように危険性が大きくなれば、その範囲を狭めて考えていくのが合理的」(加藤：1959) との考え方が示される。

　また、市場経済原理を重視するフレーミングでは、経済活動を行う以上、利益であれ損失であれ結果責任は当事者が負うことは当然とする。市場から得る利益とは、リスクを負うことへのリターン（報酬）なのであり、もともと不確実性（予想外の事態）を前提としたものであり、「賠償金額が少なければ東京電力が単体で負担すべきであることは当然である。賠償が東京電力の負担能力を超える場合にはじめて、ほかの電力会社からの相互支援や政府による援助が必要となる」(深尾：2011)。したがって、「ここで免責される『天災地変又は社会的動乱』とは、現在の技術をもってしては、経済性を全く無視しない限り防止措置をとりえないような、極めて限られた『異常かつ巨大な』場合」(竹内：1961) であるとの解釈が支持される。

　井上（原子力局政策課長：1961年当時）は、およそ想像が出来る、あるいは経験的にもあったというのは、この『異常に巨大な天災地変』」の中には一応含まれないという解釈をしていると述べたが、原子力損害について賠償を行う企業自体が消滅してしまうような事態、すなわち「原子力損害というよりはむしろ社会的、国家的災害であり、政府が被害者の救助及び被害の拡大の防止につとめるべきことは当然で、第17条は、このことを念のために規定したもの」(科学技術庁原子力局：1991) であれば、原子力事業者自体が壊滅するような天災地変でなければ、免責はされないと考えるのが相当であろう。

　被害者の保護と原子力産業の健全な発展の両立が理想だが、それが困難でどちらかを優先させざるを得ない場合には、被害者保護を優先させるべきと考えられる。なぜなら、産業の発展は市民の経済的繁栄の手段であり、産業

発展の手段として市民が存在しているわけではないからだ。「健全な発達」とは、市民の生命、財産を脅かし、あるいは収奪しないことが前提であり、仮に損害を与えた場合には適切な補償措置が講じられる社会状況が実現していることが求められるのである。

原子力事業の健全な発達

　一般論で言えば、「産業の健全な発達」とは、当該産業の発達により経済活動が活発化し、関係者に諸々の利益をもたらすとともに、日本経済社会の発展にも寄与し、その結果、市民の経済水準が向上、生活が豊かになることであろう。なお、当該産業活動が外部不経済、すなわち環境被害を伴わない形で行われることが前提となる。これは、市場の基本原理である私的利益の追求だけでなく、社会的利益を視野に入れた企業活動が求められることを意味する。企業倫理を喪失した経済活動が、深刻な環境被害と社会紛争をもたらし、被害者はもとより原因企業を含む関係者全てが大きな不利益を蒙ってきたことは、水俣病などの環境被害を通して日本が得た教訓の1つである。

　この観点から言えば、日本の原子力産業は、事業活動によって生じる深刻な外部不経済を視野から外すことによって発展を遂げてきた。原子力技術の有効利用に力点が置かれ、放射性廃棄物の処理技術等は開発されないまま現在に至っている。原子力発電に伴い生じる高レベルの放射性廃棄物は、2016年末時点でガラス固化体に換算して約25,000本相当であり、原子炉の運転に伴い年に1,300～1,600本ずつ増えると推定されているが、地上で仮保管されたままの状況にある。検討されているのが地下での長期間隔離管理であるが、そのリスクを受け入れる地域はないのが現状である。今回の事故により生じた膨大な放射性廃棄物について、政府は「最終保管場所は福島県外」としているが、政府の要請を受け入れる地域があるとは考え難い。国土の狭い日本において保管管理が可能な場所を探すことはきわめて難しく、しいて言えば、無人島や福島原発周辺の長期間居住禁止となる地域が想定されるが、いずれにしても最終保管場所の確保は容易ではない。

なお、日本学術会議の「原子力研究体制に関する報告書 (2002)」でも、大学等で発生した放射性廃棄物について、その処理処分等が教育、研究開発に大きな障害となりつつあることを指摘しているが、放射性廃棄物の処理問題の解決を先送りしながら原子力を開発、発展させるという従来手法の継続は、すでに困難な段階にさしかかっていたとも言えよう。

　また、今回の事故処理過程で、核燃料の制御が困難になった場合などのシビアアクシデント（過酷事故）に対処するための技術が、ほとんど開発されていないことも明らかになった。メルトスルーを防ぐ圧力容器や格納容器、破損した機械設備を補修するロボット、放射線を完全に遮断する防護服など、利用技術に比べて事故対応に必要とされる技術の開発は大きく遅れている。福島第一原発事故において、四半世紀前のチェルノブイリ原発事故と同様に、被ばく覚悟の人海戦術しか方法がないことに多くの市民が驚いたが、原子力産業は重大な技術的、社会的問題を抱えたまま発達を遂げてきたと言えるだろう。

安全神話の矛盾

　あらゆる行動にはリスクがあることを承知のうえで、なぜ自治体、住民は原子力発電所を受け入れてきたのだろうか。国や電力会社、原子力研究機関や研究者に、原発の安全性についての科学的確証（例えば火力発電所や他のプラントと同程度だというリスク評価）があれば、「原子炉立地審査指針」において原子炉周囲は非居住区域、その外側は低人口地帯で、人口密集地帯からある程度離れていることを立地条件とする理由はない。技術的には制御可能でも偶発的な不可抗力（予測不能な天変地変、内乱など）による重大事故のリスクがゼロではないからである。

　なぜ原子力の安全神話が唱えられてきたかと言えば、リスクが高いほど安全性が問題とされるからである。原発の潜在的リスクを認め、万全を期して過疎地域に立地するが、もちろん万一の事態が起きないよう十重二十重の安全対策を講じる。確率論的には重大事故が起こる可能性はゼロではないが、

それは明日地球が破滅する可能性がゼロではないのと同じであり、現実にはそのような事態はあり得ない。このような形で認知の一貫性を確保する努力がなされてきた。

　原子力関係者が最も恐れるのは格納容器の破損である。格納容器が破壊される破局的事故が起これば事故処理はきわめて困難であり、広範囲に甚大な被害が及び、対応に要する費用は国家予算規模になりかねない。しかし、制御不能の危険性に囚われていては、原子力の技術開発は進まない。この難問を解決するために編み出されたロジックが、「格納容器の破損はあり得ない（今回のように放射性物質が外部に漏出するような事態はあり得ない）」という前提である。格納容器が破壊されるような事態は、想定すること自体が意味をなさない「想定不適切事故」と位置づけられ、視野から外すことが研究者を含めた原子力関係者の了解事項となった。

　そのうえで、格納容器が機能していることを前提に、炉心の溶融や放射性物質が格納容器内に放出される事態が、重大事故や仮想事故として想定されることになった。これらの事故に関しては幾重にも安全対策が講じられており、すべてがコントロール不可能になる事態はあり得ないという認識フレームが関係者間で共有され、想定不適切事故への対策や必要となる技術開発は、原子力事業の枠外に置かれることになった。

　一方、原発立地を受け入れた地元も、当初から原発の持つ潜在的リスクは認識していた。企業誘致は、被災地域に限らず戦後一貫して地域の経済振興策の柱の1つである。各自治体は次々に工業団地を造成し、様々な優遇措置を用意して誘致に取り組んできた。しかし、企業誘致は一貫して売り手市場であり、各自治体はアジア諸国に混じって激しい誘致競争を繰り広げている。立地企業に多額の補助金や地方税等の減免措置を講じるなど、できる限りの便宜供与を提案しても、特に過疎地への企業誘致はきわめて困難である。原発のような大規模な事業所誘致となれば、なおさらである。

　原発が立地している自治体が、誘致に際してどれだけの財政支援や便宜供与を電力会社に申し出たかと言えば、答えは否である。逆に、現在原発が立

地している多くの地域では、計画発表当初は強い反対運動が起こっている。前述の原子力関係者の認識フレームのように、安全対策の積み重ねだけでは単にリスクが下がったに過ぎない。仮に可能性としてはきわめて少ないとしても、いったん事故が起これば、その被害は相当深刻なものになることは容易に想像できる。「危険だから拒否する」というのは、産業廃棄物の最終処分場の建設と同様、地元の自然な反応である。

しかし、次第に推進派が多数を占めるようになり、最終的には立地が実現する。それは、電力会社からの寄付金、電源立地交付金など国からの多額の財政支援、原発立地に伴う新規雇用や地域産業への波及効果など、原発の持つリスクを上回る（と感じられる）経済的メリットが代償措置として提示されたからである。その結果、ほとんどの地方自治体が慢性的な財政難に苦しんでいる中で、原発立地自治体の住民は、他地域とは別次元の豊かな経済的利益を享受することになった。

原発を受け入れる場合、安全対策への絶対的信頼が必要となる。原子力関係者と同様、確かに原発には潜在的リスクはあるが、万全の安全対策が取られているので破局的事故は起きないと考えない限り、この経済的メリットを享受することはできない。結果的に、地域は原発と運命を共にする企業城下町となり、いわゆる「原子力村」の一員となった。原子力関係者と同様に、チェルノブイリや今回のような事故の可能性を視野から外す決断をし、「原発はノーリスク、ハイリターン」という認識フレームを採用したのである。

原発再稼働問題に関しても、立地地域の住民は経済的理由から再稼働の希望が強い。仮にハイリスクだとしてもハイリターンを取る（背に腹は代えられない）という選択である。一方で、その外側の地域住民の多くはハイリスク、ノーリターンという認識から反対している。福島第一原発事故で証明されたことの１つは、原発が立地する自治体や地元住民は、周辺の自治体や住民の利益を併せて視野に入れた意思決定が求められるということであった。立地地域の住民や自治体は、もはや自分達のことだけを考えていればいい立場ではないということである。

被害補償の対象と補償水準

　「人の命はなにものにも代えがたい」という認識のもとで、貨幣化された代償措置を受容する場合には、非貨幣的、精神的代償措置が併せて求められることになる。それが「誠意」である。賠償金を真摯な謝罪とともに渡される場合と、事務的に、あるいは紙幣を放り投げられる場合とでは、被害者の認識・評価は大きく異なることになる。

　福島原発事故の被害補償については、2011年8月5日に原子力損害賠償紛争審査会が「東京電力株式会社福島第一、第二原子力発電所事故による原子力損害の範囲の判定等に関する中間指針」を公表したが、そこで賠償すべき損害と認められる一定の範囲の損害類型が示された。

(1)　政府による避難等の指示等に係る損害
(2)　政府による航行危険区域等及び飛行禁止区域の設定に係る損害
(3)　政府等による農林水産物等の出荷制限指示等に係る損害」
(4)　その他の政府指示等に係る損害
(5)　いわゆる風評被害
(6)　いわゆる間接被害
(7)　放射線被曝による損害

を対象とし、さらに(8)被害者への各種給付金等と損害賠償金との調整、(9)地方公共団体等の財産的損害等、についても示された。

　2011年12月6日に「中間指針追補」が示され、自主的避難等に係る損害についても補償の対象と認められ、2012年3月16日「中間指針第二次追補」では区域ごとに精神的損害の金額目安を提示するとともに、避難費用や精神的損害の賠償終了時期について指針が示された。補償対象は多岐に渡り、精神的苦痛といった非貨幣的損害も含まれることから、公正的分配の実現には相当の困難を伴う。このような場合、しばしば厳密な基準と手続きの厳正さを定めることによって公平性、客観性を確保しようとしがちである。その結果、あらゆる証拠書類が求められ、その書類がなければ補償対象にならないといった新たな不公平も生じることになる。福島原発事故に関しても、すでに

避難から一定期間過ぎていることから必要書類の紛失や記憶の忘却等も多い現状を踏まえれば、ある程度の割り切りによって単純化したものにせざるを得ない。したがって、このような分配的公正の曖昧さを補うには、被害者が公正であると判断し得る手続きを、原因者が誠意を尽くして行うことが不可欠な要件となる。

3 倒産させない政策選択

　東日本大震災以降、東京電力は福島第一原発事故の収束に全力を注ぐことになるが、政府は東日本大震災による被災を原賠法で免責となる「異常に巨大な天災地変」とは認めなかった。東京電力は賠償総額の見通しが立たない状況の中で、被害者に対して迅速な損害賠償が求められることになった。日本経済研究センターは、福島第一原発事故の処理費用は少なくとも10年間で5兆7000億円から20兆円と試算した。この試算は、内閣府の原子力委員会（2011.5.31）で示されたもので、所得補償は半径20 km内からの避難者に限定したものであり、汚染された水や土壌の処理費のほか、20 km圏外や福島県以外の農林水産業への被害は含まれていない。

　当然ながら、東京電力は被災により急速に経営状況が悪化、2011年3月期は1兆175億円の災害特別損失を計上、繰延税金資産4,046億円を取り崩し、1兆2,585億円の当期純損失を計上、剰余金残高は3,638億円にまで減少、必要な設備投資や燃料調達等の継続、事故収束への対応が資金繰りの面で困難な状況になった。

　事故処理費用が膨らむ一方で、被害者に対する巨額の損害賠償への対応が迫られた東京電力は、同年5月10日、清水正孝社長が首相官邸を訪ね、福島原発事故による周辺地域への賠償をめぐり、枝野幸男内閣官房長官、海江田万里経済産業大臣に政府の支援を求める要望書を提出した。切迫した状況を踏まえ、政府は同年6月14日に原子力損害賠償支援機構法（以下「原賠支援法」と言う。）案を国会に提出、同年8月3日に一部修正の上、可決、成立した。同法案は、原賠法16条の規定に基づき、同法の賠償措置額を超える原子力損害

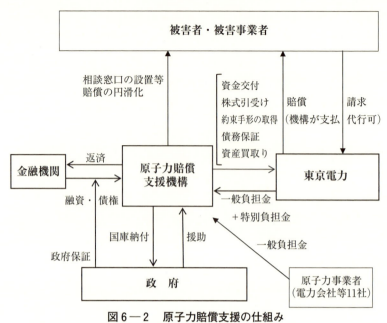

図6−2 原子力賠償支援の仕組み
出典：経済産業省HP「原子力損害の補償に関する政府の支援の枠組みについて」に基づき著者作成

が生じた場合において、当該原子力事業者が損害を賠償するために必要な資金の交付その他の業務を行う法人・原賠支援機構（原子力損害賠償支援機構）を設立するための特別立法として位置づけられた。

制度の概要

　原賠支援法の趣旨は、政府として、これまで原子力政策を推進してきたことに伴う社会的な責任を負っていることに鑑み、①被害者への迅速かつ適切な損害賠償のための万全の措置、②東京電力福島原子力発電所の状態の安定化・事故処理に関係する事業者等への悪影響の回避、③電力の安定供給、を確保するため、「国民負担の極小化」を図ることを基本として、損害賠償に関する支援を行うための万全の措置を講ずるものとされている。

(1) 原賠支援機構の設置

　原賠支援法の特徴は、原子力事故では巨額の損害賠償が生じる可能性を踏まえて、第1に「相互扶助」の考え方に基づき各原子力事業者（電力会社など11社）が資金を負担金として拠出し備える、第2に拠出金でも対応が困難な場合には政府が損害賠償の支払等に係る援助を行う、第3に直接政府が対応、支援する形は取らず、支援組織（原賠支援機構）が支援の中核的役割を担う点にある。

　同法は実態としては東京電力支援を目的として立法化されたが、今回の福島原発事故だけを対象としたものではなく、将来の原子力事故に対しても適用されるものである。

(2) 機構による資金援助

　原賠支援機構による原子力事業者への資金援助は、通常の資金援助と特別資金援助に分けられる。

①　通常の資金援助

　原子力事業者が損害賠償を実施するうえで原賠支援機構の援助を必要とする場合、負担金として拠出された資金を原資として、所要の資金援助（資金の交付、株式の引受け、融資、社債の購入等）を行う。なお、機構は資金援助に必要な資金を調達するため、政府保証債の発行、金融機関からの借入れをすることができる。

②　特別資金援助

　巨額の損害賠償支払いのため、政府の特別な支援が必要な場合、原賠支援機構は原子力事業者とともに「特別事業計画」を作成、主務大臣の認定を求めることとされている。この計画には、原子力損害賠償額の見通し、賠償の迅速かつ適切な実施のための方策、資金援助の内容及び額、経営の合理化の方策、賠償履行に要する資金を確保するための関係者（利害関係者）の協力の要請、経営責任の明確化のための方策等について記載し、原賠支援機構は原子力事業者の資産の厳正かつ客観的な評価及び経営内容の徹底した見直しや、関係者に対する協力の要請が適切かつ十分なものであるかどうかを確認

することとされている。

　計画認定後、政府は原賠支援機構に国債を交付、同機構は国債の償還を求めることで現金化し、原子力事業者に対し必要な資金を交付する。同機構は、政府保証債の発行等により資金を調達し、事業者を支援することができるが、それでもなお損害賠償資金が不足するおそれがある時には、同機構に対し必要な資金の交付を行うことができるとされている。

　なお、特別資金援助を受けた原子力事業者は、平時に納付する負担金に加えて、特別資金援助分を返済するための特別負担金を納付することになる。その額は事業経営に支障を生じない範囲で「できるだけ高額の負担を求める」こととされている（52条）。

　原子力事業者への資金援助の手法は次のとおりである（41条）。
  (i) 要賠償額から賠償措置額を控除した額を限度として、損害賠償の履行に充てるための資金の交付。
  (ii) 原子力事業者が発行する株式の引受け
  (iii) 原子力事業者に対する資金の貸付け
  (iv) 原子力事業者が発行する社債又は主務省令で定める約束手形の取得
  (v) 原子力事業者による資金の借入れに係る債務の保証

(3) 国庫納付

　原賠支援機構から援助（資金融資）を受けた原子力事業者は、特別負担金という形で返済を行い（52条）、同機構は、負担金等をもって国債の償還額に達するまで国庫納付を行う（59条）。原子力事業者は、貸付原資となった国債の償還額と同額を同機構に返済することが予定されている。なお、同機構が必要とする負担金が過大となり、電気の安定供給等に支障を来し、または国民生活・国民経済に重大な支障を生ずるおそれがある場合には、政府は同機構に対して必要な資金の交付を行うことができるとされている（68条）。

(4) 損害賠償の円滑化業務（53条～55条）

　このほか、原賠支援機構は、①被害者からの相談に応じ必要な情報の提供及び助言、②原子力事業者が保有する資産の買取り、③賠償支払の代行を行

うことができる。なお、この賠償支払業務の代行は債務を引き継ぐものではない。

(5) 廃炉、汚染水への対応

事故後、廃炉や汚染水対策の困難さに鑑み、政府の関与が必要との判断から、原賠支援法が改正され、原賠・廃炉等支援法（原子力損害賠償・廃炉等支援機構法）に名称を変えるとともに、原賠支援機構も原子力損害賠償・廃炉等支援機構（通称：賠償・廃炉・汚染水センター）に改組された（2014年8月18日）。同機構に追加された主な業務は以下のとおりである。

①廃炉等関係業務の意思決定機関として「廃炉等技術委員会」を設置。
②廃炉等に関する専門技術的な助言・指導・勧告。
③廃炉等に関する研究及び開発の企画・推進。
④特別事業計画を通じた廃炉実施体制に対する国の監視機能の強化。
⑤廃炉等に関する業務の一部を事業者からの委託により実施可能。
⑥廃炉業務を通じて得られた知見・情報の国内外への提供。

なお、同法では国の責務として、汚染水による環境への悪影響の防止等の環境の保全についての配慮が追加されるとともに、福島第一原発の汚染水の流出の制御が喫緊の課題であることに鑑み、万全の措置を講ずる旨の附則が盛り込まれた。

東電への政策対応の諸類型

被害補償に関連して、東京電力への政策対応についてはいつくかの手法が考えられる。

(1) 政府援助（原賠・廃炉等支援機構による支援）

原因企業を存続させ、原因企業に被害補償を行わせるという政策手法である。政府の直接支援ではなく特殊法人による支援という形を取ることにより、被害補償は一義的には原因者である東京電力が担うものである。同法では、万全な被害補償、電力の安定供給、国民負担の極小化を実現するために、東京電力には徹底した経営の見直しを、関係金融機関や株主等の関係者に対し

ても相応の協力を求めている。社会全体が一致協力して取り組むという構図を予定したものである。

また、支援の内容は資金交付、株式引受け、資金貸付け、社債や約束手形の取得、債務の保証、資産の買取り、賠償支払いの代行など、これまでの政策秩序とは次元を異にするあらゆる支援手段が用意されており、政府にその意思さえあれば東京電力の債務超過を防ぐことは十分可能である。なお、実際には、除染費用など様々な被害補償分野で、政府が直接・間接的に実質的な費用負担者になることも予想され、また返済免除という形での補償費用の一部肩代わりも想定される。

(2) 会社更生法に基づく処理

企業が様々な理由から債務超過となり会社更生法が適用されれば、株主や債権者は責任負担を求められることから、株主や金融機関等の債権の大半が無価値となる。また、社債は一般担保付きだが損害賠償には担保が設定されていないこともあり、被害補償は不十分なものとならざるを得ない。結果的に、被害者保護の観点から政府が不足する資金を東電に融資等の形で援助するか、または政府が被害補償の一部を肩代わりする形にならざるを得ないと予想される。

(3) 一時国有化

株式を全額減資した後、新株をすべて政府が保有する形で一定期間国の管理下に置く手法が考えられる。既存債務をどうするかは決め方次第となる。被害補償については国が立て替え払いすることになるが、福島原発の事故処理が収束し、経営の安定・回復が図られた段階で株式を売却し、その時点で残っている立替払い分を回収するやり方が考えられる。なお、被害補償額が巨額で株売却益で賄えない場合には国有化されたままとなる可能性もある。

(4) 免責

原賠法3条ただし書きを適用、異常に巨大な天災地変に該当するとして免責にする。この場合は、東京電力が原因者責任を問われないことはもとより、株主も金融機関等債権者も被害補償とは関わりなく、すべての被害補償は政

府が対応する、すなわち費用負担は市民に転嫁されることになる。

補償費用の社会的分配

　深刻な環境被害が発生した場合、環境の復元、再生や被害補償問題は、原因者と被害者間にとどまらず、直接・間接に関わりを持つ利害関係者、政府、市民を含めた社会的調整と受容が求められる。このような環境被害の特性を踏まえ、経済規範と社会規範双方を視野に入れた中公審答申の考え方は、福島原発事故においても適用されるべきものであろう。

　汚染者負担の原則、換言すれば自己決定・自己責任の原則を踏まえ、環境保全や環境修復、被害補償に係る費用についても企業活動に伴うコストとして捉えるとともに、企業の財サービスの提供活動の諸利益が経済連鎖の各過程において関係経済主体にも波及することから、受益の程度に応じて負担すべき者をとらえることが、社会費用の分配的公正の観点からも適当だと考えられる。

　いずれにしても、福島原発の運用、管理責任を負っている東京電力が、あらゆる経営努力を行いできる限りの被害補償を担うことが、関係者の協力や政府の支援、すなわち市民への費用負担の転嫁に対する社会的理解を得るうえでも、第一になすべきことである。深尾（2011）は、東電は使用済み核燃料の再処理関係の引当金や利益剰余金など3兆7000億円を、まず事故処理や補償費用に充てるべきだとする。

　次に、株主や金融機関等の債権者であるが、投資リスクを踏まえて東京電力に投資し利益を得ていたことは事実であり、他の事例を見ても一定の費用負担を担うことが適当だと思料される。

　性格が異なる利害関係者として東京電力管内の消費者（企業や市民）がおり、電力料金値上げへの拒否反応も目立ったが、環境費用は予防費用を含め一部または全部が財サービスの価格に上乗せされ、消費者に転嫁されることが、もともと予定されているものである。実際、これまでの原発建設費や安全対策費用等についても電気料金の中に織り込まれていた。この拒否反応は、十

分な企業努力をせずに不利益を企業や市民にしわ寄せしているという分配的不公平感や、必要な説明をしないまま電力料金値上げを試みた東京電力の手続き的公正の欠如によって、さらに増幅されることになった。なお、電気料金値上げ分の一部を何らかの形で国が代替負担するという選択肢は、結局、東京電力のサービスを受けていない市民にも負担を肩代わりさせることを意味することから、社会費用に関する分配的不公正感を増幅することになる。

　次に、政府の負担であるが、これは既存予算の転用か増税による市民への負担転嫁の2通りの手法が考えられる。既存予算を削って財源を捻出する場合、社会福祉など他の政策分野の予算を削減、転用することには問題が多く、また実現も容易ではない。ほかの政策分野への影響が最も少ないと考えられるのが、原子力関係予算の充当である。これも原子力を含むエネルギー政策の見直しが前提となり議論を要するが、深尾は、年間4,300億円ある原子力予算を見直すとともに、青森県六ケ所村にある再処理工場の操業（40年間操業予定）も凍結すれば、電力業界が再処理費用として積立予定の12兆円（すでに約2兆円は積立済み）のうち一部を充てることもできるとし、東京電力の内部資金と原子力関係の埋蔵金を活用すれば処理費用として当面心配はいらず、事故処理の財源のための増税や電気料金の引き上げの必要はないとしている。

　また、金子勝は、電力会社による発電、送電、配電の垂直統合による地域独占という電気事業の枠組みを根本的に変えなければ事故の賠償問題は解決しないとし、エネルギー政策の転換によって必要な発電と送配電の分離改革を実施すれば、東電は送配電網を売却して賠償費用に充てることができるようになるとしている。

　補償額が巨額であることから、実際には前述の負担方法を複数組み合わせる形で捻出することになるが、深尾や金子が主張するように、視野を被害者と原因者に限定せず、被害補償の確保と併せてより望ましい社会システム構築の機会として捉える必要がある。

紛争化要因と行動選択

　放射性物質の特殊性と汚染範囲の広さから、健康被害を含む被害補償問題は、福島第一原発の冷温停止状態が確実かつ安定的に保たれ、放射性物質の放出、飛散が完全に終息した後も続くと予想される。事故当初は黙々と避難生活に耐えていた被害者も、これまでの環境被害者がそうであったように、「早期全面救済」を東電や政府に求めている。しかし、前述のとおり制度的割り切りによる補償とならざるを得ない。したがって、東京電力や政府は、分配的公正だけでなく手続き的公正を十二分に確保する必要があり、そのためには誠意ある態度、協力姿勢、関係修復を図るための信頼性行動の積み重ねが強く求められることになる。

　この観点から言えば、東京電力や経団連の初期対応は、むしろ対立の深化、紛争化の生起、助長要因となった。2011年3月17日、福島市の県災害対策本部で断続的に開催された東電の記者会見に役員は姿を見せず、謝罪の気配もないとして、県、県議会、避難した立地地域の住民からは、社長はなぜ県民に謝らないのか、福島県を愚弄していると怒りの声が上がったと報道された。

　一方で、同年4月11日に福島県に謝罪に訪れた清水社長との面会を佐藤雄平知事が拒否したことについて、経団連の米倉会長は会見後の記者団の質問に、苦境にある者にああいう対応をするのは、リーダーとしての資質を疑うと苦言を呈したとされる。今回の事故の最大の被害者は東京電力であり、関係自治体はその苦悩に対する理解と共感をもって誠実に対応すべきという問題認識からであろう。しかし、数万人が居住地を失い、数十万人が心身的、経済的被害を受けている被災地に対する理解や共感は見られない。東京電力の対応に、被災地に対する謝罪意識や誠意が見られなかったことから、被災地の首長が怒りを抑えきれなかったという事実は見過ごされている。このような被害者の心情への配慮に欠ける言動が繰り返されたこと自体、関係者間に深刻なフレーミング・ギャップがあることを物語っている。

　また、2011年9月下旬に東京電力が被害者に送付した損害賠償にかかる請求書類が約60ページ、案内冊子は約160ページに及んだこと、文章が高圧的

であったことも非難を浴びた。特に注目されるのが、合意書の見本には「上記金額の受領以降は、一切の異議・追加の請求を申し立てることはありません」記されていたことである。これは、水俣病の被害拡大に伴い、被害救済を訴える地元住民とチッソ間で生じた紛争を収めるために、1959年末にチッソが水俣病被害者との間で結んだ見舞金契約に盛り込まれていた条項と同じである。見舞金契約においても、被害者からの今後の補償要求を拒否できるよう、将来水俣病がチッソの工場に起因することが決定した場合においても、新たな補償金の要求は一切行わないという一文が盛り込まれていた。この見舞金条項と同様、東京電力の示した文言も「公序良俗に反する」性格を持つものであった。

　また、福島県二本松市のゴルフ場が東京電力に除染を求めた東京地裁への仮処分申し立てに関し、東京電力は飛散した放射性物質は、もともと「無主物」であったと考えるのが実態に即していると反論した。飛散した放射性物質は誰の所有物でもなく、したがって除染の責任は東京電力にはないという主張である。この主張に基づけば、水俣病のメチル水銀を始め、これまでの環境汚染物質はすべて無主物であり、排出企業に環境復元の責任はないことになる。一般常識からはかけ離れた主張だが、その後も関係者が不信を募らせる行為が繰り返されることになった。

　2012年6月20日に公表された東京電力の福島第1原発事故調査委員会の最終報告（約1,200ページ）では、津波への想定が甘く過酷事故対策の備えも不十分だったと認める一方で、政府や民間の事故調査委員会が指摘していた初動時の人為ミスや想定不足については過失や責任を認めず、最新知見を踏まえてできる限り対策を講じてきたとした。また、原子力安全・保安院は巨大津波への対策を指示していない、地震や津波の脅威は国が統一見解を示すべきだ、官邸の介入が無用の混乱を助長させた、と指摘している。この報告書に対しても、関係首長や被害者から、重大事故に対する自覚も反省もない責任転嫁と自己弁護だとして強い反発と批判の声があがった。

　科学的知見では予測困難な天災であり（誰にも避けようがなく）、したがって

東京電力には責任はないが政府にはあるという論理構成には、やはり無理がある。誰でもすぐに気づくことのように思えるのだが、それが見えなくなるのが罠に陥る意思決定の特徴である。

東京電力は新たな行動を選択するたびに批判を受け、修正を繰り返した。多くの市民は、なぜ学習効果が見られないのか不思議に思ったことだろう。その理由は、フレーミングが被害者や市民とは大きく異なっており、加えてそれがきわめて強固であるために、リフレーミングが困難な状況になっているからだ。この種の意思決定の特徴は、①科学的予測困難性、②環境被害に対する法制度の不十分さ、③自社の補償限界と行政責任、④自社の政治力、などを最大限活用し、自社利益の確保と損失の最小化に徹底することにある。その結果、利己主義的な経営観に埋没する一方で企業倫理はほんど消失し、東京電力の誠実さを理解しない社会の方がおかしいという意識が支配することになった。

しかし、東京電力は福島第一原発事故を境に全く別の世界に入っている。国から東京電力に対する数兆円規模の資本注入は、結局、市民の税金によって賄われるのであり、したがって被害者を含む市民の理解を得なければ、企業の存続自体不可能なことは明らかである。社会経済の相互依存関係を視野から外して、眼前の自社利益確保とコストの最小化に固執するならば、社会的利益との衝突や市民からの反発が生じるのは避けられない。長期的に見れば、明らかに自ら自分の首を絞める行為である。

過去の環境被害事件を引用するまでもなく、環境の復元、再生、被害補償の責任は、一義的には汚染物質を排出した東京電力にある。

もし、東京電力が近視眼的で願望的な認識フレームを変えず、結果として社会規範や社会常識から逸脱した罠に陥る意思決定を繰り返し、被害者の不信や怒りが憎悪や怨念に変わることになれば、紛争解決が一層困難になることは自明である。そうなれば、東京電力は過去の環境被害訴訟とは比較にならないほど大量の裁判の被告となり、長き苦難の道を歩まなくてはならない。それは、被害者はもとより東京電力を含むすべての関係者にとってきわめて

不幸なことである。東京電力にはモラルハザードへの理解と原発事故に関するフレーミングの再構成、そして分配的公正と手続き的公正を確保するための行動選択が強く求められることになった。

官僚として水俣病の解決に力を尽くした橋本道夫 (2000) は、水俣病の教訓を次のようにまとめている。

(1) 現場を直接見て、住民から真摯に聞き取ることから始める。
(2) 健康を守ることを優先し、原因の確からしさに応じた行政的決断が求められる。
(3) 様々な場面における情報の収集と開示が必要である。
(4) 企業には責任がある。

福島第一原発事故への対応は、緒についたばかりである。水俣病や他の公害事件と同じ悲劇を繰り返さないためには、東京電力、関係産業界及び政府関係者が、この短い言葉に込められた先達の教訓を深く胸に刻み、事に誠実に対処することが強く望まれている。

4 新たな教訓

東日本大震災の被災地は、集中復興期間 (5年) が終わり復興・創生期間に移行したが、福島第一原発事故の最大の特徴は解決すべき難題が多過ぎることだ。事故処理には、これまで経験したことのない、あるいは解決に長期間を要する課題が数多く含まれている。

事故処理と廃炉

福島第一原発事故で改めて確認されたことは、放射性物質を都合よくコントロールすることは、現在の科学技術では困難だということだ。

事故発生以後、発電所職員、作業員らの懸命な努力によって、原子炉内部はいずれの号機も低い温度が保たれ、燃料デブリ (炉心溶融物) も安定した状態が維持されている。一方で、1〜3号機原子炉内の核燃料は大半が溶融し、格納容器の下部に落下し固形化したことまでは推定されているが、事故後6

年以上を経てなお、原子炉建屋内へのアクセスは限定的で、内部を確認できない状況が続くことになった。これは、原発事故に必要な科学技術を研究・開発してこなかったことへの代償である。

また、1〜3号機の原子炉建屋内のプールには、使用済み核燃料1,393本が残されているが、その取り出しは遅れている。最も早い3号機でも作業が始まるのは2017年度以降であり、取り出した使用済み核燃料の処理・保管方法も決まっていない。2020年度ごろを目処に検討される計画だが、この難題についての結論がわずか数年で出るとは考え難い。

燃料デブリの取り出しはさらに遅くなり、取り出し方法を確定するのが2018年度、取り出しを開始するのは事故発生から10年後（2021年内）とされているが、使用済み核燃料と同様、その処理や保管方法の目処は立っていない。

増え続ける汚染水の問題もある。汚染水については、①汚染源に水を近づけない、②汚染水を漏らさない、③汚染源を取り除く、という対策が取られているが、これも難航している。国の試算によれば、原子炉建屋（1〜4号機）周辺では1日約1,000トンの地下水が流れており、事故後、そのうちの約400トンが原子炉建屋の地下に流入、汚染水となり、さらに300トンがトレンチ（地下道）に溜まっている汚染水と混じり合って、海に流出していると推定されていた。

その後、地下水バイパス、井戸からの地下水くみ上げ、凍土方式の陸側遮水壁の設置、雨水の土壌浸透を抑える敷地舗装などの対策が取られ、建屋への地下水流入は減少しているが、事故後5年時点で原子炉建屋には1日約150トンの地下水が流入し、地下水を完全に遮蔽するのは困難な状況が続いていた。そのため、汚染水があふれ出さないよう、汲み上げてはタンクに保管する方法が取られており、敷地内に保管されている汚染水は、5年間で約80万トン、タンクは約1,000基に達している。

図6−3は廃炉に向けた工程表だが、計画には技術的根拠がないものや希望的観測が多く含まれていることから、今後も計画どおりには進まない状況

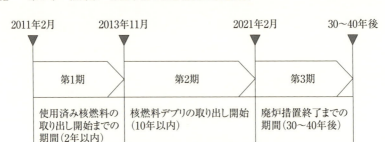

図6－3　廃炉に向けた工程
出典：経済産業省廃炉・汚染水対策ポータルサイト「廃炉に向けた工程　中長期ロードマップ（2015年6月12日改訂）」に基づき著者作成

が続くと予想される。

　未知の作業には予想外の事態がつきものだが、事故処理作業でも様々なトラブルが後を絶たない。問題は、単純な人的ミスが少なくないことだ。鉄骨の使用済み燃料プールへの落下、原子炉への注水ポンプの停止、汚染された雨水処理装置の配管からの漏水、タンクからの汚染水漏れ、監視装置の故障などのトラブルは枚挙に暇がないが、これらはいずれも配線や配管ミス、誤操作といった「うっかりミス」に起因するものである。

　現場の作業員が、過密スケジュールの中で必死に取り組んでいることは確かであろう。重装備の防護服に身を包み、過酷な作業環境の中で働き続けることは、相当の労力、集中力を要することだ。しかし、原子力発電所の現場作業をよく知る熟練労働者は、驚くほど少ない。作業員には放射線の被ばく限度がある。現在の法定被ばく限度は通常時50 mSv/年（かつ5年間で100 mSv）以内、緊急作業（事故対応作業）時は100 mSv/年である。作業に精通した労働者ほど線量の高い現場で働く機会が増えるが、限度を超えれば働くことはできない。現場作業に必要なスキルを修得するには10年かかると言われており、人材養成も簡単にはいかない。

　加えて、「多重下請け」の問題もある。東京電力から元請け、2次、3次へと幾重にも下請けが重なる多重下請け構造になっており、約7,000人/日の

労働者 (2016年) は、600 あまりの会社から派遣された作業員の集合体である。現場には、少数の東電や元請け会社の社員と多くの下請け企業、中には5次、6次下請からの派遣作業員や日本語に不自由する外国人労働者、2〜3ヶ月間だけの短期作業員もいる。

この多重下請け構造は、事故処理の安全管理に影響を与えるだけでなく、賃金の中抜きや違法残業、偽装請負の原因にもなっている。東京電力の調査によれば、偽装請負について14.2%の作業員が「作業内容や休憩時間等を指示する会社と賃金を払っている会社が違う」と回答している。当然ながら、作業員の入れ替わりは激しくなる。単純な人的ミスの頻発は、スキルも雇用条件も異なる大規模な混成部隊の宿命である。

もう1つの重要な社会課題は、原発事故の処理費用は国家的規模になるということだ。当初、国は事故処理費用を6兆円と見込んでいた。これでも十分巨額なのだが、2014年には2倍近い11兆円に、2年後の2016年にはさらに21兆5千億円に上方修正されている。これは、スイスやオーストリアの国家予算に匹敵する規模である。内訳は、廃炉費用8兆円、損害賠償7.9兆円、除染費用4兆円、中間貯蔵施設費用が1.6兆円となっている。また、帰還困難区域の復興拠点整備費用など、東京電力に求償せず国費で対応するものもあることから、事故処理にかかる総費用は最終的には30兆円を超えると予想する研究者もいる。

事故処理費用がここまで巨額になると、「汚染者負担の原則」を堅持することは困難であり、中間貯蔵施設の建設、維持管理費用については、すでに国税で賄うことになっている。他の費用については、廃炉費用は東京電力が自力で、賠償費用については東京電力を含めた電力各社に加えて、原発を持たない新電力各社にも負担を求めるとしている。これらの費用の大半は電力料金に転嫁されることから、実質的には電力利用者が負担することになる。また、除染費用は国が1兆円で取得した東京電力株 (19億4,000万株) の売却益で賄うとされているが、実現するにしても遠い将来の話である。2016年の日経平均株価は2011年に比べて2倍以上上昇したが、事故直前に2,000円前

後だった東京電力の株価は大幅に下落している（2016年は400～600円台）。除染費用をすべて株売却益で賄うためには、少なくとも事故以前の株価まで上がる必要があるが、公的支援が途絶えれば直ちに債務超過に陥る状況から脱する、換言すれば東京電力が事故以前と同様、またはそれに近い財務状況にまで回復することが条件となる。国は2030年代を目途に、賠償・廃炉・汚染水センターが保有する全株式を売却するとしているが、必要な売却益を確保できるかどうかは、現時点では全く不明である。

　2016年度の国の一般会計当初予算は約96兆7千億円、うち税収は約57兆6千億円である。廃炉や高レベル放射性廃棄物処理など試算が困難なものも少なくないため、今後とも費用は増加すると予想されるが、1つの事故処理に国税の約4割に相当する資金を必要とする事態は、やはり異常である。原子力発電の議論では、電力供給がもたらす短期的メリットに関心が集まりがちだが、国民経済に深刻な影響を及ぼす潜在的リスクを視野に入れたうえで議論されるべき性格の問題である。

被ばくと健康管理

　原子放射線の影響に関する国連科学委員会（UNSCEAR：以下「国連科学委員会」と言う。）は、福島県で福島第一原発事故の影響を最も受けた地域における事故後1年間の平均実効線量は、成人で約1～10 mSv、1歳児ではその約1.5倍～2倍と推定している。

　この推計値の精度は別にして、国連科学委員会は「2011年東日本大震災後の原子力事故による放射線被ばくのレベルとその影響（2014）」と題した報告書で、福島第一原発事故による放射線被ばくによって、今後がんや遺伝性疾患の発生率に識別できる変化はなく、出生時異常の増加もないと予測している。そして、観察された最も重要な健康影響は、震災や津波、避難の長期化、汚染に関する不安によってもたらされた心理的精神的影響だとしている。

　国や福島県も、今回の事故に伴う健康被害は考えにくいとの立場を取っているが、一定の健康リスク対策は実施されている。事故後、空間線量が最も

高かった時期における放射線による外部被ばく線量の推計を行うために、福島県民を対象にした調査が実施されているほか、放射性ヨウ素の内部被ばくによる小児の甲状腺がんのための甲状腺検査、ホールボディカウンターによる内部被ばく検査、こころや身体の健康度（問題）・生活習慣に関する調査などが実施されている。

　事故処理にあたる作業員に関しては、事故後 19 か月間に事故処理に従事した作業員の平均実効線量は約 10 mSv であり、約 2 万 5,000 人のほとんど (99.3%) は 100 mSv 未満、10 mSv を超える実効線量を受けた作業者は約 34%、100 mSv を超える実効線量を受けた作業者は、0.7%（173 人）、250 mSv を超えた作業者が 6 人いた（東京電力調査）。

　国連科学委員会によれば、このレベルの線量についての疾患リスクは低いと考えられ、放射線被ばくによる健康影響が、自然発生の健康影響と比べて統計学的に識別可能なほど多く出ることは予測されていないとしている。作業員も一般市民の場合と同様に、これまでに観察された最も重要な健康影響は、心理的精神的影響と考えられるとしている。

　厚生労働省 (2015) によれば、平均被ばく線量は減少傾向にあるものの、被ばく線量が 5 mSv を超える労働者数は横ばいであり、全労働者の被ばく線量の総計は高止まりの状況にある。現場作業員の健康管理については、厚生労働省が 2015 年に「東京電力福島第一原子力発電所における安全衛生管理対策のためのガイドライン」を策定し、東京電力及び元方事業者が実施すべき事項を定めている。主な内容は、安全衛生管理体制の確立、リスクアセスメントに基づく必要な措置の実施、効果的な被ばく低減対策、健康管理対策等である。長期健康管理に関しては、緊急作業員（約 2 万人）のデータベースを整備し、被ばく線量に応じて健康診断等を実施することとし、緊急作業員以外の者（2011 年 12 月 16 日以降の作業員）については、法令に基づく健康診断の実施などのリスク対策が取られている。しかし、多重下請け構造の中で最終的な責任主体を明確にし、その履行を確実に担保し続けることは容易なことではない。

前述のとおり、公的機関は総じて「健康に特に影響はない」との見解だが、一部の専門家はその見解に異を唱えている。同様な見解の相違は、福島第一原発事故の5〜10倍の放射性物質（ヨウ素131、セシウム137）が飛散したチェルノブイリ原発事故の健康被害評価においても生じている。「国連科学委員会報告書（2008）」では、原子炉の閉じ込めには数十万人が関与したが、1,000 mSv以上被ばくしたグループ以外で、放射線被ばくに起因する健康障害は見られていない、若年層では甲状腺がんが急増（6,000人超）したが、作業員と若年層以外の被ばく者については、放射線によるがんや白血病の発生率の明確な増加は見られていない、と報告されている。世界保健機関、国際原子力機関などの国連機関も同様の立場を取っている。

これに異を唱える報告も多数ある。一般向けの図書としては、例えば核戦争防止国際医師会議ドイツ支部が出版した『チェルノブイリ原発事故がもたらしたこれだけの人体被害：科学的データは何を示している（2012）』、NHKで放送されたドキュメンタリー番組の書籍版『低線量汚染地域からの報告──チェルノブイリ26年後の健康被害（2012）』、ロシアの著名な科学者アレクセイ・V・ヤブロコフらの『調査報告 チェルノブイリ被害の全貌（2013）』などがある。

これらの本には、1987〜1992年の間に、内分泌疾患が125倍、消化器疾患60倍、筋肉・骨格疾患及び精神疾患53倍、皮膚結合組織疾患が50倍に増加したというウクライナ政府の発表や、事故から26年後、チェルノブイリから140キロ離れたコロステンでは、子どもの75％以上が何らかの疾患を抱えていること、同事故による死者数は1986年〜2004年の間で少なくとも98万5,000人にのぼると推計されることなどが報告されている。

汚染地域の状況を映像で確認することもできる。アカデミー賞短編ドキュメンタリー賞を受賞した「チェルノブイリ・ハート」は、事故から16年後の汚染地域の状況を撮影したものだ。チェルノブイリ・リングとは、若年層に多発した甲状腺がんの手術痕が、首に巻かれたリングのように見えるためだが、チェルノブイリ・ハートとは、穴の開いた心臓のことで、汚染地域にお

いて重度の心臓疾患の子どもが多数生まれてくることからつけられた呼称である。親から遺棄された障害児や奇形児が収容されている遺棄乳児院や小児精神病院も撮影されている。

このドキュメンタリーには、現地の施設、病院関係者も出てくるが、彼（彼女）らによれば、「事故後、障害児の出生率は25倍に増加した」「健常児が生まれる確率は15％〜20％」「ベラルーシの新生児死亡率はほかのヨーロッパ諸国に比べて3倍」「ゴメリ地方では甲状腺がんの発生率が1万倍に増加した」という。ただし、彼（彼女）らは、健康状態の変化が原発事故に伴う放射線被ばくに直接起因すると言っているわけではない。なぜなら、事故前後の住民の健康状況を比較することはできても、どの程度被ばくが影響しているかは識別できないからである。

原発事故による健康被害評価が大きく分かれる理由もここにある。個々人の疾患や先天性異常について、放射線被ばくとの因果関係を科学的に証明することは、現在の医学レベルでは困難である。そのため、低線量放射線被ばくによる健康異変の有無の判断には、通常、統計学的手法が用いられている。被ばく地域のがん発生率が他の地域と比べて統計学的に有意に高いと認められれば、被ばくによって〇％がん発生率が増加すると判断するのである。これは確率的判断であり、急性放射線障害のような確定的判断とは異なる間接的な識別法である。したがって、100〜200 mSVの被ばくによってがん発生率が8％増加することが統計学的に証明されたとしても、がん患者の中の誰が被ばくによって発症したのか、被ばくの影響は発がんにどの程度影響を与えたのかは分からない。

加えて、低線量（10〜20 mSv）被ばくのリスクを他の因子と分けて取り出すには、統計学的には60万人規模の数十年間にわたるデータが必要となるので、データがない場合には統計学的検討の対象からは外されることになる。つまり、事故前後を比較して疾患が何十倍増えていようとも、統計学的な有意が証明されなければ、「影響は確認できない」という結論になる。これが、国連科学委員会など主な公的機関が採用しているアプローチである。

一方、事故前後で健康状況に大きな変化があり、必要な条件を満たせば、被ばくとの間に一定の因果関係があると推定する社会科学的アプローチもある。アメリカの社会学者ラザースフェルド (P.F.Lazarsfeld) は、因果関係の基準として、①原因が結果に先行すること、②変数が経験的に相関していること、③相関が別の変数によって説明されないこと、を挙げているが、この種のアプローチを採用する場合は、統計学的アプローチに比べて分析の対象範囲は広がり、被ばく被害もより広範囲に認められることになる。統計学的に有意と認められるものを取り上げるか、事故前後の比較から因果関係が推定されるものを含めて俎上に乗せるかの違いである。

私たち市民が十分な専門的知識を持っていないとしても、それを理由に専門家の結論を無批判に受け入れることは賢明な選択とは言えない。いかなる専門家も現実を完全に理解する知見は持ち合わせてはおらず、過去の例を見ても誤りは珍しくはない。私たちは、科学の限界や学問的アプローチの特性を踏まえたうえで、専門家の意見を評価し、自らの行動を選択しなければならないのである。

救済格差

公害被害や薬害に共通する問題は、被害者救済制度の未整備にあった。しかし、原子力災害については1961年に原賠法が制定され、損害賠償の完遂(その手段としての原因企業の支援) を目的とした原賠支援機構法 (現：原賠・廃炉等支援機構法) も、福島第一原発事故の5ヶ月後には立法化された。また、原賠法に基づく原子力損害賠償紛争審査会が原子力損害の範囲や賠償基準等の指針を策定し、国の関与の下で原因企業が具体的事項を定め、内容に納得できない場合は、和解仲介手続きや訴訟等による解決も可能とされた。指針や追補も事故後5年間で10回出され、内容は詳細かつ多岐に渡っている。

被害者は、公害・薬害のように原因企業や行政との交渉、裁判闘争といった長き苦難を経ることなく、損害賠償を得ることができたのである。災害リスクに備えた法制度の事前整備と、迅速な対応の重要性を示す一例となった

ことは確かだ。

　なお、「制度」の持つ宿命だが、対象区域は限られ、補償基準も区域ごとに異ならざるを得ない。低い補償に不満を持つ被害者が賠償金の上乗せや格差是正を求めることは、自然の成り行きである。事故後5年で、原発事故関連の訴訟が約320件、原子力損害賠償紛争解決センターへの和解仲介申立も1万9,000件以上に達した。

　この種の不満はどのような補償制度でも生じるが、民事訴訟における損害賠償額を踏まえた基準は、新たな社会問題を生むことにもなった。自然災害の被災者との「救済格差」である。

　東日本大震災によって移転・移住を迫られた人は多い。震災5年後も17万人以上が避難生活を続け、うち5万9,000人余の人たちが約2万9,000戸の応急仮設住宅に居住していた。津波などの自然災害によって自宅に住めなくなった被災者には、被災者生活再建支援法に基づき100万円、新たに住宅を建設・購入する場合にはさらに200万円を上限として支援金が支給される。このほかにも、小中学校の授業料の減免、当面の生活資金や生活再建の資金が必要な被災者への低利融資、税の特別措置、医療費の減免措置、公共料金の特別措置などがある。これらの経済的支援は、災害によって著しい被害を受けた住民の生活再建の手助けとなるものだ。

　自宅を失うこと、住み慣れた場所を離れることは、私たちの人生を左右する一大事件だが、生活の再設計に十分な資金が無償で提供されるわけではない。自宅を再築・購入するには多額の自己資金が必要になるが、富裕層を除けばその捻出は容易ではない。年金生活者の場合はなおさらである。

　一方で、福島第一原発事故の被害者には、津波被災者とは異なる救済制度が用意されている。被害者に対する損害賠償額は、表6—1（2016年12月末現在）のとおりであり、1世帯の単純平均（個人への賠償総額／世帯数）で約5,140万円、4人世帯では約1億360万円になっている。津波で自宅を失った被災者から見れば、破格の補償額である。

　経済的救済は、「多額であるほどよい」という単純な性格のものではない。

表6−1 原子力損害賠償の支払い状況（個人）2016年12月末

【単身世帯】	（区域）	個人賠償	移住に伴う精神的損害	家財	宅地・建物	田畑・山林等	住居確保（持家）
避難指示解除準備	平均合意額（世帯数）	1,215万円 6,099		328万円 3,322	3,075万円 1,110	681万円 691	3,112万円 337
居住制限	平均合意額（世帯数）	1,201万円 5,349		324万円 3,107	3,247万円 931	709万円 533	2,902万円 307
帰還困難	平均合意額（世帯数）	1,804万円 5,616	730万円 5,425	427万円 3,112	3,793万円 1,002	1,068万円 566	2,689万円 370
【2人世帯】	（区域）	個人賠償	移住に伴う精神的損害	家財	宅地・建物	田畑・山林等	住居確保（持家）
避難指示解除準備	平均合意額（世帯数）	2,425円 3,523		520万円 3,194	3,868万円 2,069	932万円 1,441	3,082万円 916
居住制限	平均合意額（世帯数）	2,470万円 2,498		548万円 2,262	3,700万円 1,560	1,106万円 995	2,990万円 796
帰還困難	平均合意額（世帯数）	3,695万円 2,730	1,399万円 2,700	687万円 2,449	4,510万円 1,520	1,242万円 958	2,646万円 856
【4人世帯】	（区域）	個人賠償	移住に伴う精神的損害	家財	宅地・建物	田畑・山林等	住居確保（持家）
避難指示解除準備	平均合意額（世帯数）	4,998万円 1,755		588万円 1,553	4,346万円 846	1,085万円 599	3,233万円 432
居住制限	平均合意額（世帯数）	5,040万円 1,224		614万円 1,097	3,814万円 633	1,237万円 411	3,161万円 352
帰還困難	平均合意額（世帯数）	7,372万円 1,231	2,796万円 1,216	773万円 1,107	4,647万円 585	1,553万円 304	2,500万円 339

（注1）2012年10月に受付が開始された包括請求方式について合意済みの被害者を集計。借地権の合意額は含まない。
（注2）世帯構成は包括請求時の世帯構成。
（注3）避難指示解除見込時期が未決定の区域を含む。
出典：「第44回原子力損害賠償紛争審査会（2017年1月31日）」配布資料に基づき著者作成

1960〜1970年代のイギリスがそうであったように、多過ぎる金銭給付は勤労意欲の低下や既得権益への固執を招き、個人の人生に悪影響を与えるだけでなく、ひいては社会全体に悪影響を及ぼすことにもなりかねない。

　2013年5月29日、浪江町は精神的損害への賠償（1人10万円/月）は低すぎるとし、同町の1万5,313人の代理人として月35万円/人に増額するよう原子力損害賠償紛争解決センターに申し立てを行った。月30万円の労働収入で生活していた4人世帯の場合、所得補償と精神的損害への賠償は月70万

円では足りず、170万円は必要という主張である。この申し入れに対して、市民からは驚きの声が上がった。社会常識から逸脱した要求に映ったからだ。

東日本大震災以降、救済格差に悩まされてきたのが福島県いわき市である。震災当時、人口約34万人だったいわき市も、津波によって大きな被害を受けた。死者は関連死も含めて461人、建物損壊は9万棟を越え、一時は約2万人が避難した。その後、いわき市は原発事故による避難指示区域からの避難者ら約2万4,000人を受け入れたが、その数は福島県内の市町村で最も多い。いわき市では、被災を免れた市民、被災市民、原発被害者が同居することになったのである。

急に人口が増えれば、店舗や病院、公共施設、娯楽施設いずれも混雑することは避けられない。住みづらくなったことへの苦情が、一部市民から市役所に寄せられるのは、自然の成り行きである。加えて、いわき市民と原発被害者の日常行動の違いが、両者の関係を複雑にする大きな要因になった。救済格差(＝所得格差)は、消費動向の違いに顕著に表れる。所得が多ければ大半の項目の支出額が増えるが、特に教養・娯楽や、被服・履物・身の回り品への支出額が増えることが確認されている。旅行や娯楽施設の利用が増え、購買や飲食についても高級指向となる傾向にある。市民から見れば、原発被害者は贅沢な金の使い方をしているように映るのである。

清水市長は、外国特派員協会での記者会見(2016.3.8)において、「いわき市民と双葉郡の住民では賠償や補償に差がある。感情的なものがなきにしも非ず」と述べたが、津波被災者より原発被害者が格段に優遇されているという感情的軋轢は、日常生活の些細な風景にも投影されることになる。「原発被害者は働かない」「ごみ出しルールや交通マナーを守らない」「自治会費を納めない」「いわき市の津波被災者はプレハブの仮設住宅なのに、原発被害者はロッジ風の木造仮設」といった不満である。一方で、外部からは「いわき市民は原発被害者に冷たくあたっている」との批判を受けることになった。誰も望んでいない震災被災者同士の摩擦が広がったのである。

これは、いわき市民や原発被害者の責に帰すべき性格のものではなく、不

整合な政策対応によって生じた制度格差の問題である。水俣病を含む公害被害の場合、公的補償給付制度として公健法が制定されているが、補償給付の水準は他の社会制度との均衡にも配慮したものであった。したがって、公健法上の水俣病の補償水準は、熊本地裁判決に準じたチッソと認定患者との補償協定の補償水準の約6割程度であった。

福島第一原発事故の場合も、原子力損害賠償紛争審査会は、公共的観点から他の社会制度との均衡を視野に入れ、社会的に妥当と認められる賠償の範囲、算定方法等に関する指針を策定すべきであった。個別の紛争解決を図る民事訴訟の損害賠償基準を参考にしたことは、他の社会制度との不整合や社会的不公平の顕在化という、新たな社会問題を生むことになったのである。

放射性廃棄物の処理

福島第一原発事故に限らず、原発問題で最も長期間の対応を要するのが放射性廃棄物の処理である。この問題の最大の難点は、机上の議論しかできないことだ。

放射性廃棄物は、使用済み核燃料の再処理後の高レベル放射性廃棄物、原子炉の制御棒など放射能レベルが比較的高い廃棄物 (L1)、原子炉圧力容器の一部などレベルが比較的低い廃棄物 (L2)、周辺の配管などレベルがきわめて低い廃棄物 (L3) に大別される。L3 は固形化しないで容器に入れて地下数 m に埋めて 30〜50 年間、L2 は容器に封入、または固形化して地下十数 m に埋めて 300 年間、電力会社が管理する。L1 については、地震や火山の影響を受けにくい安定した地層の 70 m より深い地中にコンクリートなどで覆って埋め、電力会社が 300〜400 年間管理、その後は国が管理を引き継ぎ、10 万年間は掘削を制限する。高レベル放射性廃棄物は、安定した地層（岩盤：自然バリア）の地下 300 m 以深に埋めて、10 万年間管理する。この地層処分事業は、「特定放射性廃棄物の最終処分に関する法律」により設置された原子力発電環境整備機構 (NUMO) が行う。費用は、電力会社が発電実績に応じて、原子力発電環境整備機構に毎年支払うことになっている。まことに壮大な計画で

ある。

　高レベル放射性廃棄物の管理については、自然バリア（岩盤）が重要になるが、日本列島では過去 10 万年間にどのような地殻変動が起きただろうか。10 万年前の日本は、まだ中国大陸と陸続きであり、北海道、本州、四国、九州に分かれておらず、日本海は巨大な湖だった。約 9 万年前、阿蘇山（伊方原発から約 130 km、玄海原発から約 135 km、川内原発から約 145 km の距離）が大噴火し、火砕流は九州の大半を焼き払い、一部は九州を越えて約 160 km 先の秋吉台（山口県）まで流走した。火山灰は日本全土に降り注ぎ、北海道東部でも 10 cm 以上の火山灰の堆積物が残っている。約 2 万 5,000 年前には、川内原発から約 50 km の距離にある（鹿児島湾と桜島を囲む）姶良カルデラが大噴火し、火砕流は半径 70 km 以上の範囲を埋めつくし、厚さ 100 m を超える地域もある火砕流台地（シラス台地）を形成した。大噴火から約 3,000 年後、カルデラの南端に桜島が誕生した。日本列島が大陸から離れ、ほぼ現在の形となったのは、約 1 万 3,000 年前のことである。

　処分場を管理する側の人間はどうだったかと言えば、私たちの祖先であるホモ・サピエンス（現生人類）が、アフリカを離れて世界に移住を始めたのが 10 万年ほど前である。約 7 万～7 万 5,000 年前に、この時期まで生存していたホモ属の傍系の種（ホモ・エルガステル、ホモ・エレクトゥスなど）が絶滅している。生き残ったホモ属は、ネアンデルタール人と現生人類のみであった。そして約 3 万年前、ヨーロッパや中東で暮らしていたネアンデルタール人は、ホモ・サピエンスの初期のクロマニヨン人と入れ替わるように姿を消した。約 2 万～1 万年前の氷河時代の末期になって、ようやく現代人とあまり変わらない特徴をもった人類が、世界各地に現れるようになる。日本に人が住み始めたのは約 4～3 万年前と推定されており、約 2 万年前（旧石器時代）の人骨が出土している。

　今後 10 万年間に起こる日本列島の地殻変動や人類の進化（もしくは絶滅）以前に、間近に迫った問題がある。環境省のレッドデータブックのカテゴリーでいけば、日本人はクマタカ、アカウミガメ、ムツゴロウと同様、近い将来、

絶滅の危険性が高い「絶滅危惧 IB 類」に属している。今後 10 年間もしくは 3 世代のどちらか長い期間を通じて、50％以上の減少があると予測される種が日本民族である。国立社会保障・人口問題研究所によれば、2013 年の合計特殊出生率 (1.43) と死亡率が今後も続けば、約 1 億 2,700 万人だった日本の人口は、2050 年までに約 25％減少し約 9,000 万人に、2100 年には 5,200 万人、2500 年には 44 万人、3000 年には 1,000 人にまで減少する。

もし、原子力規制委員会が真剣に超長期の放射性廃棄物の管理を考えているのであれば、対応すべき重要なの政策課題の 1 つとして、急激な人口減少を視野に入れる必要がある。そうしなければ、計画はほどなく瓦解してしまう。

より根本的な課題もある。国土の狭い日本では、高レベル放射性廃棄物の処分場を受け入れる地域がないことだ。2002 年から、国は処分地選定のための調査を受け入れる自治体の公募を始めたが、調査を受け入れる自治体がなかったことから、2015 年には国主導で有望地を示す方針変更が行われた。経済産業省は、処分地の適性を 3 段階で評価した「科学的有望地」を、2016 年末までに示すとしていたが、結局断念した。現状では、地域住民の理解を得るのは難しいとの判断からである。

これまでの原子力発電所の建設経緯を見れば、高い潜在的リスクには、地元の雇用増加や地域経済の活性化、数百〜数千億円の資金投下というハイリターンが必要であった。高レベル放射性廃棄物処分場は、原発同様リスクが高い一方で、原発よりも雇用創出効果は低いと予想されることから、例えば地元住民への恒久的な個別補償といった破格の経済的リターンを用意する、あるいは処分場を建設する自治体住民に多額の移転補償を行い、国の直轄地にするといった、これまでとは次元の異なる対策が求められることになろう。それでも、手を挙げる自治体が現れるかどうかは不明である。

「放射性廃棄物の処分場所もないのに、どうして原発を推進してきたのか」「10 万年間管理できると本気で考えているのか」と多くの市民が疑問に思うだろう。これが、「エスカレーション（罠に陥る意思決定）」の代表的症状であ

る。最初の認識フレームや意思決定が固定化し、環境の変化に関わらず、同じ意思決定を執拗に繰り返すエスカレーションには、次のような背景がある。

第1に、「サンクコスト（埋没費用）」の問題である。サンクコストとは、事業に投下した資金や労力の中で、その事業から撤退したり縮小したりすることによって、放棄しなければならない資金や労力、信用のことだ。原発のような国家プロジェクトは、長年にわたり産学官の多くの関係者が情熱と労力と巨額の資金を費やしてきたものでもある。それらすべてを潔く切り捨て、市民やマスコミの厳しい批判を覚悟のうえで方針転換を図ることは、容易なことではない。

第2に、「時間選好」と「将来の割引（ディスカウント）」問題がある。私たちは、現在と将来を比べた場合、相対的に現在を重視し、将来に対してはきわめて高い割引率を適用している。例えば、高レベル放射性廃棄物をいつまでも発電所内に保管し続けられないことは、誰もが承知している。にもかかわらず放射性廃棄物を増やし続けるのは、将来のことよりも現在を優先させているからにほかならない。現状を打破する妙案は見つからないが、いつかきっと何とかなるだろうといった、根拠のない希望的観測や願望が、関係者を強く支配するからである。中長期的な利害得失を視野から外し、もっぱら短期的視野で物ごとを決定するやり方は、「近視眼的意思決定」と呼ばれるものである。

第3に、「コミットメント」と「コントロール幻想」である。原子力発電については、国家的プロジェクトとして国が強くコミット（公約）をしてきたものだ。公約を破ることは「あってはならないこと」であり、何としても公約を果たそうとするのが普通である。そして、コミットメントを繰り返すごとに、それが厚い壁となり、ますます引くに引けない状況になっていく。この強い義務感によって、ネガティブな情報は過小評価され（選択的ヒアリング）、問題の本質部分にも目をつぶるようになり、「コントロールしたい」という願望が、「コントロールできる」との思い込みに変わっていくのである。

第4に、「自己の過大評価」と「内集団びいき」である。私たちは自分の行

動を過大に評価しがちである。これまでの研究で、個人の仕事に対する評価や所属組織に対する貢献度、あるいは夫婦間の家事に関する貢献度に至るまで、私たちは実際よりも20％前後、過大に評価する傾向にあることがわかっている。

　また、私たちは自分と似通った人たちを好む傾向にある。自分が属する共同体メンバーの行動を好意的に評価しがちであり、組織的活動についても同様である。所属する組織がバッシングを受けると、少なくとも対外的には組織の一員として弁護したくなるものだ。これは、内部批判の困難さと表裏の関係にある。組織が一丸となった取り組みに対する正面からの批判は、集団内では裏切り行為に映るのである。

　第5に、「学習性無力感」がある。これは、アメリカの著明な心理学者マーチン・E・P・セリグマンと心理学・神経科学者スティーブン・マイヤーが指摘したもので、私たちは回避不能な嫌悪刺激に長くさらされ続けると、その刺激から逃れようとする自発的行動が起こらなくなることを指している。セリグマンらは、一連の実験から無気力状態とは学習されるものであることを確認し、この現象を学習性無力感と名づけた。組織とは不思議なもので、上司や先輩の学習性無力感を、後任者はあたかも自分が経験してきたかのように継承してしまう。「方針転換などとても無理だ」と思い込んでしまうのである。

　第6に「ラストランナー」問題である。最後のランナーになるのは誰か、「失敗の墓標」を誰が建てるのかという問題だ。批判と混乱の引き金を引く当事者となるか、「何とかなるから」と懸案事項を引き継ぐ無名の前任者になるか。これは、トップから担当者まですべての関係者の脳裏によぎる選択肢である。国家プロジェクトを廃止するとなれば、関係者の理解、協力の取りつけ、市民や国会、マスコミからの批判や責任追求といった困難な処理に当たらなければならない。このような場合、「選択回避」つまり新しい行動がもたらす厳しいリスクを避け、在任中は黙々と現状維持に努力する道を選択してしまうのである。

私たちが承知しておくべきことは、いったんエスカレーションに陥ると、偏った考え方が定着し、都合の悪いことは見ないようになり、次第にそれが当たり前になるということだ。感覚がマヒしてしまうのである。

　もちろん、処分場に関しては、地殻変動に関する専門的検討が詳細になされており、市民が反論できる性格のもではない。しかし、例えば2016年4月16日に発生した熊本地震（M 7.3）の震源とされる布田川断層帯（布田川区間）は、30年以内にM 7.0程度の地震が発生する確率は、ほぼ0％～0.9％と推定されていた。また、同年10月21日の鳥取県中部地震（M 6.6）の震源は、活断層がないとされていた地域であった。これらの事実は、私たち人間の自然に関する知識がいかに乏しいかという、身近な証拠である。

　日本学術会議（2012）は、内閣府から高レベル放射性廃棄物の処分に関する審議依頼を受けて、「日本は火山活動が活発な地域であるとともに、活断層の存在など地層の安定性には不安要素がある」としたうえで、「万年単位に及ぶ超長期にわたって安定した地層を確認することに対して、現在の科学的知識と技術的能力では限界があることを明確に自覚する必要がある」とし、「社会的にそれを明示した上で、賢明な対処法を探るべきである」と回答している。政策形成に参画する専門家は、自らの専門領域に関心を寄せていればそれでよいという立場にはない。自らの責務と社会的影響力を自覚し、何が既知で何が未知か、何が可能で何が不可能かを社会に対して明示する役割を担っている。終期10万年の国家プロジェクトが、原子力規制委員会の報告を受けて決定されるとすれば、同委員会委員は社会的合意形成のあり方や財源問題、未知のリスクへの対応など、プロジェクト実現のために解決すべき諸課題を併せて議論の俎上に乗せなければならない。いかに技術的に緻密に練り上げられたプランであっても、現実社会での実現可能性が乏しければ、それは政策とは呼べない。政策に携わる専門家が、社会の構成員として率先してその社会的責務を果たすことを、わが国社会は強く求めているのである。

―参考文献―

[あ]

- 秋月謙吾（2001）『社会科学の理論とモデル9 行政・地方自治』東京大学出版会
- 秋吉貴雄（2007）『公共政策の変容と政策科学―日米航空輸送産業における2つの規制改革』有斐閣
- 足立幸男・森脇俊雅編著（2003）『公共政策学』ミネルヴァ書房
- 足立幸男（1994）「公共政策策定の基本的フレームワーク」『政策科学』2巻1号，p.1-10. 〈http://www.ps.ritsumei.ac.jp/assoc/policy_science/021/021_02_adachi.pdf〉
- 足立幸男編著（2005）『政策学的思考とは何か―公共政策学原論の試み』勁草書房
- 安部慶三（2012）「東日本大震災における環境問題への対応―災害廃棄物処理及び放射性汚染物質への取組―」『立法と調査』No. 329, p. 174-180.
- 安部慶三（2014.1）「環境・原子力規制行政の主要課題―原子力災害関連の課題を中心として―」『立法と調査』No. 348, p. 142-153.
- 安部慶三（2015.1）「放射性物質による環境汚染防止に関する法制度の現状と課題―放射性物質汚染対処特措法を中心として―」『立法と調査』No. 360, p. 145-152.
- 安部慶三（2016.1）「COP 21 合意と今後の課題―COP 21 でパリ協定採択―」『立法と調査』No. 373, p. 127-133.
- 天池恭子（2009）「水俣病被害者の救済及び水俣病問題の解決に向けて～水俣病特別措置法の成立～」『立法と調査』No. 296, p. 33-42.
- 淡路剛久・永井進・塚谷恒雄（1983）「公害補償制度の問題点と解決の方向」『環境と公害』Vol. 12（3），p. 11-27.
- 淡路剛久・吉村良一・除本理史編（2015）『福島原発事故賠償の研究』日本評論社
- 飯尾潤（1998）「日本における官民関係の位相」『日本公共学会年報 1998（CD-ROM 版）』〈http://www.ppsa.jp/pdf/journal/pdf1998/Iio.pdf#search〉
- 飯島伸子編（1993）『環境社会学』有斐閣
- 石川敦夫（2010）「環境配慮型製品の普及―マスキー法を通じて見た日米自動車メーカー

の戦略─」『立命館経営学』vol. 49（1），p. 127-153.
- 石坂匡身編著（2000）『環境政策学─環境問題と政策体系─』中央法規
- 磯野弥生・除本理史（2006）『地域と環境政策─環境再生と「持続可能な社会」をめざして』勁草書房
- 板井優（2001）「水俣病裁判の系譜と展開」水俣病被害者・弁護団全国連絡会議編『水俣病裁判 全史 第5巻 総括編』日本評論社
- 伊藤光利・田中愛治・真渕勝（2000）『政治過程論』有斐閣
- 今村都南雄編著（2000）『自治・分権システムの可能性』敬文堂
- 今村都南雄編著（2002）『日本の政策体系：改革の過程と方向』成文堂
- 印南一路（1999）『すぐれた組織の意思決定─組織をいかす戦略と政策─』中央公論新社
- 植田和弘（1996）『環境経済学』岩波書店
- 植田和弘編（2016）『大震災に学ぶ社会科学 第5巻 被害・費用の包括的把握』東洋経済新報社
- 内田邦夫（1979）「原子力損害の法律に関する一部改正」『ジュリスト』No. 696，有斐閣，p. 86-92.
- 内山融（1998）『現代日本の国家と市場─石油危機以降の市場の脱〈公的領域化〉』東京大学出版会
- 采女博文（1998）「水俣病と行政の民事責任」『鹿児島大学大法学論集』Vol. 33（1），p. 1-50.
- 采女博文（2006）「水俣病関西訴訟最高裁判決について」『鹿児島大学法学論集』Vol. 40（2），p. 111-145.
- 遠藤典子（2013）『原子力損害賠償制度の研究─東京電力福島原発事故からの考察』岩波書店
- 遠藤真弘（2016.6）「水俣病訴訟（資料）」『レファレンス』No. 785，p. 77-109.
- 大石裕（1983）「コミュニティ権力構造論再考」『慶應義塾大学大学院法学研究科論文集』No. 17，p. 75-90.
- 大嶋健志（2014.6）「福島第一原発事故の避難指示解除の基準をめぐる経緯」『立法と調査』No. 353，p. 58-65.

参考文献

- 緒方正人（2001）『チッソは私であった』葦書房
- 岡敏弘（2012）「リスク便益分析をどう使うか—食品中放射性物質基準の決め方—」シンポジウム横浜国立大学リスク研究グループによる福島放射能対策提言，2012年2月29日，横浜国立大学〈http://www.s.fpu.ac.jp/oka/ynu2012oka.pdf〉
- 岡敏弘（2011）「放射線被曝回避の簡単なリスク便益分析」
  〈http://www.s.fpu.ac.jp/oka/radiationriskbenefit.pdf〉
- 岡敏弘（2012.4.11）「食品の新基準値は福島県産米の消費を回復させるか」
  〈http://www.s.fpu.ac.jp/oka/syohisya.htm〉
- 岡敏弘（2012.4.6）「米の出荷制限のリスク便益分析」
  〈http://www.s.fpu.ac.jp/oka/kome.htm〉
- 荻野晃也，馬奈木昭雄，除本理史，秋元理匡『水俣の教訓を福島へ〈part 2〉すべての原発被害の全面賠償を』花伝社
- （財）大阪癌研究会（2012）「放射線と発がん」『癌と人』No. 38. 別冊（東日本大震災復興支援特別寄稿）
- 大坂高判（2001.4.27）判時1761-3
- 大島堅一（2010）『再生可能エネルギーの政治経済学』東洋経済新報社
- 大島堅一・除本理史（2012）『原発事故の被害と補償：フクシマと「人間の復興」』大月書店
- 小寺正一（2012）「放射性物質の除染と汚染廃棄物処理の課題—福島第一原発事故とその影響・対策—」『調査と情報—ISSUE BRIEF—』No. 743, p. 1-13. 国立国会図書館

［か］

- 科学技術庁原子力局監修（1991）『原子力損害賠償制度』通商産業研究社
- 鹿児島県（2003・2005）『環境白書』鹿児島県
- 加藤一郎（1959）「原子力災害補償立法上の問題点」『ジュリスト』No. 190, p. 14-19.
- 加藤浩徳（2007）「政策課題抽出支援のための問題構造化手法とその合意形成手法への適用可能性」『PI-Forum』Vol. 2 (1)
- 加藤浩徳・城山英明・中川善典（2006）「関係主体間の相互関係を考慮した広域交通計画

におけるシナリオ分析手法の提案」『社会技術研究論文集』No. 4, p. 94-106.
- 加藤博徳・城山英明・中川善典（2005）「広域交通政策における問題把握と課題抽出手法─関東圏交通政策を事例とした分析─」『社会技術研究論文集』No. 3, p. 214-230.
- 金子和裕（2011）「水俣病問題の最終解決に向けた課題〜水俣病救済特措法の施行をめぐって〜」『立法と調査』No. 314, p. 102-116.
- 金子和裕・天池恭子（2011）「福島原発事故の放射性物質による環境汚染への対処〜放射性物質汚染対処特措法案の成立と国会論議〜」『立法と調査』No. 322, p. 48-56.
- 金子正人（2007）「疫学研究の現状としきい値問題」
 〈http://www.anshin-kagaku.com/kaneko.pdf#search〉
- 樺山紘一・坂部恵・古井由吉・山田慶兒・養老孟司・米沢富美子編（2000）『20世紀の定義9　環境と人間』岩波書店
- 鎌形浩史（2000）「被害者救済と紛争処理」石坂匡身編著『環境政策学』中央法規出版
- 亀田達也・村田光二（2000）『社会心理学』有斐閣
- 唐木順三（1980）『科学者の社会的責任についての覚書』筑摩書房
- 河野勝（2002）『社会科学の理論とモデル12　制度』東京大学出版会
- 環境省「報道発表資料（2002.7.9）」
 〈http://www.env.go.jp/press/press.php3?serial=3481〉
- 環境省（2004, 2006, 2010, 2011）『環境白書』
- 環境省（2005.9.6 a）「第4回水俣病問題に係る懇談会」会議録
 〈http://www.env.go.jp/council/26minamata/y260-04a.html〉
- 環境省（2005.9.6 b）「第4回水俣病問題に係る懇談会」会議資料3「水俣病の被害と救済の問題とその背景」
 〈http://www.env.go.jp/council/26minamata/y260-04/mat03.pd〉
- 環境省（2009.12.25）「水俣病被害者の救済及び水俣病問題の解決に関する特別措置法の『救済措置の方針』等についての考え方（環境省案）」
 〈http://www.env.go.jp/chemi/minamata/Kyusai.pdf〉
- 環境省（2012.3.30）「指定廃棄物の今後の処理の方針」
 〈http://www.env.go.jp/jishin/rmp/attach/memo20120330_waste-shori_gaiyo.

pdf#search〉
- 環境省（2014.8.29）「水俣病特措法に基づく救済置係る判定結果について」
- 環境庁企画調整局編著（1974）『解説　公害健康被害補償法』帝国地方行政学会
- 環境庁（1975，1978）『環境白書』
- 関西学院大学災害復興制度研究所編（2015）『原発避難白書』人文書院
- 木佐茂男（2002）「地方自治基本法」松下圭一，西尾勝，新藤宗幸編『岩波講座自治体の構想1　課題』岩波書店，p.85-108.
- 北村喜宣（1997）『自治体環境行政法』良書普及会
- 熊本県環境公害部総務課（1995）「チッソ㈱金融支援措置の要点」熊本県（非売）
- 熊本県環境生活部環境政策課（2001）『「チッソ株式会社に対する金融支援措置」についての経緯』熊本県
- 熊本県環境生活部環境政策課（2011）『「チッソ株式会社に対する金融支援措置」についての経緯〈参考資料編〉』熊本県
- 熊本県（2003，2005，2011）『環境白書』熊本県
- 熊本県議会（各年度版）『熊本県議会議事録』熊本県議会
- 熊本日日新聞社「水俣病百科」〈http://kumanichi.com/feature/minamata/〉
- 栗山浩一（2012）「放射性物質と食品購買行動」『農業と経済』2012年1月増刊号，p.30-38.
- 桑田耕太郎・田尾雅夫（1998）『組織論』有斐閣アルマ
- 経済産業省（2009）「原子力発電推進強化策」
〈http://www.meti.go.jp/press/20090618009/20090618009-2.pdf#search〉
- 警察庁（2016）『平成27年の犯罪』，『平成28年度警察白書』
- 原子力委員会原子力損害賠償制度専門部会 {1998}「原子力損害賠償制度専門部会報告書（1998.12.11）」内閣府
〈http://www.aec.go.jp/jicst/NC/iinkai/teirei/siryo98/siryo70/siryo12.htm〉
- 原子力資料情報室編（2016）『検証　福島第一原発事故』七つ森書館
- 原子放射線の影響に関する国連科学委員会（2014）「2011年東日本大震災後の原子力事故による放射線被ばくのレベルとその影響」

・原子放射線の影響に関する国連科学委員会（2016）「東日本大震災後の原子力事故による放射線被ばくのレベルと影響に関する UNSCEAR 2013 年報告書刊行後の進展―国連科学委員会による今後の作業計画を指し示す 2015 年白書」
・小池拓自（2015.12）「高レベル放射性廃棄物処分の課題―使用済燃料・ガラス固化体の地層処分―」『レファレンス』No. 779, p. 59-88.
・厚生労働省（2012）「食品中の放射性物質の新たな基準値（案）について」〈http://www.mhlw.go.jp/stf/shingi/2r98520000023nbs-att/2r98520000023ng9.pdf#search〉
・厚生労働省（2015）「東電福島第一原発作業員の健康管理等に関する検討会報告書」
・厚生労働省（2015）「東電福島第一原発作業員の被ばく線量管理の対応と現状」〈http://www.mhlw.go.jp/topics/2016/01/dl/tp0115-1-01-04p.pdf〉
・国立国会図書館 調査及び立法考査局（2016.3.11）「福島第一原発事故から 5 年―現状と課題―」『調査と情報―Issue Brief―』No. 899
・小島敏郎（1997）「水俣病問題政治解決についての考察」『環境と公害』Vol. 26（3），p. 42-47.
・小島敏郎（1996）「水俣病の政治解決」『ジュリスト』No. 1088, p. 5-11.
・小杉素子・山岸俊男（1998）「一般的信頼と信頼性判断」『心理学研究』Vol. 69（5），p. 349-357.
・後藤舜吉（2010）「年頭に」『ALL CHISSO（チッソグループ社内報）』No. 56, 2010 年 1 月号, チッソ
・児玉龍彦（2011）『内部被曝の真実』幻冬舎新書
・児玉龍彦「福島原発事故と健康被害について」日本記者クラブシリーズ企画「3.11 大震災」〈http://www.jnpc.or.jp/files/2011/09/2d8b620eb454ea9060667888fefdb93b.pdf#search〉
・小寺正一（2012.3.29）「放射性物質の汚染と汚染廃棄物処理の課題―福島第一原発事故とその影響・対策―」国立国会図書館 Issue Brief No. 743.
・近藤宗平・米澤司郎・斉藤眞弘・辻本忠（2003）『核融合科学研究会委託研究報告書 低線量放射線の健康影響に関する調査』

〈http://homepage3.nifty.com/anshin-kagaku/reportindex.htm〉
・コルボーン，S.・マイヤーズ，J. P.・ダマノスキ，D.（2001）『奪われし未来 増補改訂版』（長尾力・堀千恵子訳）翔泳社

［さ］
・齊藤誠（2015）『大震災に学ぶ社会科学 第4巻 震災と経済』東洋経済新報社
・齊藤誠（2015）『震災復興の政治経済学 津波被災と原発危機の分離と交錯』日本評論社
・最判（2004.10.15）判時1761-3
・酒巻政章・花田昌宣（2001）「チッソ金融支援の過去・現在・未来」熊本学園大学産業経営研究所編『熊本県産業経済の推移と展望：自立と連携をめざす地域社会』日本評論社, p. 413-442.
・酒巻政章・花田昌宣（2004a）「水俣病被害補償にみる企業と国家の責任論」『水俣学研究序説』藤原書店, p. 271-312.
・酒巻政章・花田昌宣（2004b）「被害補償の経済学」原田正純編著『水俣学講義』日本評論社, p. 283-308.
・阪本将英（2003）「公害健康被害補償制度の経済分析」『会計検査研究』No. 27, p. 227-224.
・阪本将英（2004）「公害健康被害補償制度のフロンティア」『会計検査研究』No. 30, p. 171-187.
・佐藤仁（2002）「"問題"を切り取る視点：環境問題とフレーミングの政治学」石弘之編『環境学の技法』東京大学出版会, p. 41-75.
・色川大吉編（1983）『水俣の啓示：不知火海総合調査報告（上・下）』筑摩書房
・霜田求（2002）「水俣病資源と環境リスク論」『社会関係研究』Vol. 9（1）, p. 1-29.
・衆議院調査局環境室（201.6）「水俣病問題の概要」
・白石重明（1990）「PPP（汚染者負担の原則）―経済的アプローチと規範的アプローチ―」『産業と環境』Vol. 9, p. 19-24.
・城山英明・鈴木寛・細野助博編（1999）『中央省庁の政策形成過程―日本官僚制の解剖―』中央大学出版部

・城山英明・細野助博編著（2002）『続・中央省庁の政策形成過程―その持続と変容―』中央大学出版部
・城山英明編（2007）『科学技術ガバナンス』東信堂
・城山英明・吉澤剛・秋吉貴雄・田原敬一郎（2008）『政策及び政策分析報告書―科学技術基本計画の策定プロセスにおける知識利用―』財団法人政策科学研究所
・城山英明・大串和雄編（2008）『政治空間の変容と政策革新1 政策革新の理論』東京大学出版会
・城山英明編（2015）『大震災に学ぶ社会科学 第3巻 福島原発事故と複合リスク・ガバナンス』東洋経済新報社
・食品安全委員会放射性物質の食品健康影響評価に関するワーキンググループ（2011）「評価書（案）食品中に含まれる放射性物質」
〈http://www.fsc.go.jp/iken-bosyu/pc1_risk_radio_230729.pdf#search〉
・人事院（2016）「人事院の進める人事行政について～国家公務員のプロフィール～」
・新藤宗幸（2001）『講義 現代日本の行政』東京大学出版会
・末永俊郎・安藤清志編（1998）『現代社会心理学』東京大学出版会
・杉浦雅一（2014.12）「中間貯蔵施設の供用開始に向けた政府方針の法制化―日本環境安全事業株式会社法改正案―」『立法と調査』No. 359，p. 32-43.
・杉山綾子（2011）「放射性物質による健康への影響～食品からの被ばくを中心に～」『立法と調査』No. 321，p145-162.
・鈴木良典（2013.3）「福島県における除染の現状と課題」『レファレンス』No. 746，p. 97-108.
・鈴木良典（2014.12）「放射性物質の除染と汚染廃棄物処理」『レファレンス』No. 767，p. 77-96.
・総務省自治行政局（2001.9.14）「国と地方の役割分担等について」地方分権改革推進会議ヒアリング資料〈http://www8.cao.go.jp/bunken/h13/004/1-2.pdf〉
・総務庁行政管理局企画調整課他編（1995）『逐条解説 地方分権推進法』ぎょうせい
・園田昭人（2009）「ノーモア・ミナマタ国賠訴訟と水俣病特別措置法成立後の課題について」『環境と公害』vol. 39（2），p. 20-26.

[た]

・田尾雅夫（1993）『組織の心理学（新版）』有斐閣

・竹内昭夫（1961）「原子力損害二法の概要」『ジュリスト』No. 236，有斐閣，p. 29-39，93.

・竹内憲司・柘植隆宏・岸本充生（2005）「世代間のリスクトレードオフ」『国民経済雑誌』Vol. 192（2），p. 43-58.

・建林正彦（1999）「新しい制度論と日本官僚制研究」日本政治学会編『20世紀の政治学』岩波書店，p. 73-91.

・田中啓介・芥川仁（1994）「水俣患者の死を待つ　国のチッソ金融支援」『Aera』Vol. 7（39），p. 22-24.

・田中平三（2011）「疫学研修者の社会的責任」日本疫学ニュースレター No. 37，p. 5-6.

・田村悦一（2000）「自由裁量とその限界―行政裁量の司法統制―」『政策科学』Vol. 7（3），p. 33-48.

・ダウンズ，A（1975）『官僚制の解剖』（渡辺保男訳）サイマル出版会：Downs, Anthony (1967),"Inside Bureaucracy", Little Brown and Company.

・チッソ（2009）「水俣病問題への取り組みについて」
〈http://www.chisso.co.jp/topics/minamata/index.html〉

・地方交付税制度研究会編（2004）『平成16年度地方交付税制度解説（補正係数・基準財政収入篇）』財団法人地方財務協会

・地方分権推進委員会（1996）「第1次勧告の概要」
〈http://www8.cao.go.jp/bunken/bunken-iinkai/kankoku/index.html〉

・地方分権改革推進会議（2001.9.14.）ヒアリング資料1-2「国と地方の役割分担について」
〈http://www8.cao.go.jp/bunken/h13/004/1-2.pdf〉

・中小企業庁（2016）『中小企業白書2016年度版』

・都留重人編（1968）『現代資本主義と公害』岩波書店

・都留重人（1973）「PPPのねらいと問題点」『公害研究』Vol. 3（1），p. 1-4.

・寺西俊一・石弘光編（2002）『岩波講座　環境経済・政策学　第4巻　環境保全と公共政策』岩波書店

・寺西俊一・大島堅一・除本理史（1998）「環境費用の負担問題と環境基金―国際油濁補償

基金の分析を中心として—」Discussion Papers No. 1998-06，一橋大学経済学研究科
- （財）電力中央研究所 原子力技術研究所 放射線安全研究センター「放射線ホルミシス効果検証プロジェクト」
 〈http://www.denken.or.jp/jp/ldrc/information/result/hormesis_project.html〉
- 東京電力 福島原子力発電所における事故調査・検証委員会（2011）「福島原子力事故調査報告書（中間報告書）本編」〈http://www.tepco.co.jp/cc/press/11120203-j.html〉
- 東京電力 福島原子力発電所事故調査委員会（2012）『国会事故調 報告書』徳間書店
- 富樫貞夫（1995）『水俣病事件と法』石風社
- 德臣晴比古（1999）『水俣病日記—水俣病の謎解きに携わった研究者の記録から』熊本日日新聞情報文化センター
- 富樫貞夫（2009）「チッソの倒産処理と補償責任のゆくえ」『環境と公害』Vol. 39（2），p. 8-12.
- 豊田誠（1983）「水俣病問題へ抜本的提言—第4回日本環境会議報告—」『公害研究』Vol. 13（1），p. 43-48.
- 豊田誠（2001）「水俣病問題の全面的解決」水俣病被害者・弁護団全国連絡会議編『水俣病裁判 全史 第5巻 総括編』日本評論社

[な]

- 内閣官房（2011.8）「原子力損害賠償支援機構法の概要」
 〈http://www.maff.go.jp/j/kanbo/joho/saigai/kaigi/05/pdf/data4-1.pdf#search〉
- 内閣府（2011）「2010年度国民生活選好度調査」
 〈http://www5.cao.go.jp/seikatsu/senkoudo/senkoudo.html〉
- 永井進（1973）「OECDのPPPとその理論的背景」『公害研究』Vol. 3（1），p. 20-29.
- 中澤秀雄（1999）「日本都市政治における『レジーム』分析のために—地域権力構造論からの示唆—」『年報社会学論集』Vol. 12, p. 108-118.
- 中嶋学（2000）「行政組織の環境適応に関する一考察—組織文化の視点より—」『同志社政策科学研究』Vol. 2（1），p. 195-214.
- 中谷内一也（2005）「信頼のSVSモデル（2）：伝統的信頼モデルとの比較」日本リスク研

究学会講演論文集，p. 405-408.
・中谷内一也（2006）『リスクのモノサシ』NHK ブックス
・中谷内一也（2008）「リスク管理機関への信頼：SVS モデルと伝統的信頼モデルの統合」『社会心理学研究』Vol. 23（3），p. 259-268.
・中谷内一也（2008）『安全．でも，安心できない…―信頼をめぐる心理学』ちくま書房
・永松俊雄（2004）「地域自立論の実際―中央地方関係の視点から―」岩岡正中・伊藤洋典編『「地域公共圏」の政治学』ナカニシヤ出版
・永松俊雄（2007）『チッソ支援の政策学―政府金融支援措置の軌跡―』成文堂
・永松俊雄（2011）「政策過程におけるフレーミング問題と行動選択に関する考察―水俣病特措法を事例として―」室蘭工業大学紀要 Vol. 60，p. 19-38.
・永松俊雄（2012）「福島原発事故における被害補償と社会受容」崇城大学紀要 Vol. 37，p. 11-30.
・永松俊雄（2015）『政策力の基礎―意思決定と行動選択』成文堂
・長峯純一（2011）『比較環境ガバナンス―政策形成と制度改革の方向性―』ミネルヴァ書房
・奈良由美子（2011）『生活リスクマネジメント』NHK 出版
・縄田康光（2015.10）「原発の廃止措置をめぐる現状―放射性廃棄物の処分等様々な課題―」『立法と調査』No. 369，p. 80-90.
・西尾勝（1990）『行政学の基礎概念』東京大学出版会
・西尾勝（1999）『未完の分権改革―霞が関官僚と格闘した 1300 日―』岩波書店
・西尾勝（2000）『行政の活動』有斐閣
・西尾勝（2001）『行政学［新版］』有斐閣
・西村肇・岡本達明（2001）『水俣病の科学』日本評論社
・西原道雄（1978）「チッソ救済と汚染者負担原則」『ジュリスト』No. 673，p. 17-21.
・日本学術会議・原子力工学研究連絡委員会・エネルギー・資源工学研究連絡委員会核工学専門委員会・核科学総合研究連絡委員会原子力基礎研究専門委員会（2002）「日本原子力研究所と核燃料サイクル開発機構の統合と我が国における原子力研究体制について」
・日本学術会議（2012.9.11）「回答 高レベル放射性廃棄物の処分について」

・日本原子力学会（2016.5）「ΑΤΟΜΟΣ」
・(財) 日本宝くじ協会（2016）「宝くじ世論調査」
・日本農学会「東日本大震災からの農林水産業の復興に向けて―被害の認識と理解，復興へのテクニカル リコメンデーション―」
〈http://www.ajass.jp/image/recom2012.1.13.pdf〉
・日本政策投資銀行ニューヨーク駐在員事務所（2002）「米国スーパーファンド・プログラムの概観―その経験から学ぶもの―」国際部駐在員事務所報告 N-75，日本政策投資銀行
・ノース，D.C.（1994）『制度・制度変化・経済効果』（竹下公視訳）晃洋書房：North, D. C. (1990) "Institutions, Institutional Change and Economic Performance" Cambridge University Press.
・農林水産政策研究所（2011.10.4）「過去の復興事例等の分析による東日本大震災復興への示唆～農漁業の再編と集落コミュニティの再生に向けて」
〈http://www.maff.go.jp/primaff/kenkyu/hukko/2011/pdf/zireif1.pdf〉

[は]

・橋本道夫（1988）『私史環境行政』朝日新聞社
・橋本道夫（1999）『公務員研修双書　環境政策』ぎょうせい
・橋本道夫編（2000）『水俣病の悲劇を繰り返さないために（水俣病に関する社会科学的研究会報告書）』中央法規出版
・長谷川浩二「時の判例」『ジュリスト』No. 1286，p. 111-114.
・畑村洋太郎・安部誠治・淵上正朗（2013）『福島原発事故はなぜ起こったか 政府事故調核心解説』講談社
・原田正純（1985）『水俣病は終っていない』岩波新書
・原田正純（1985）『水俣病に学ぶ旅』日本評論社
・原田正純編著（2004）『水俣学講義』日本評論社
・原田正純・花田昌宣編著（2004）『水俣学研究序説』藤原書店
・原田尚彦（1981）『環境法』弘文堂
・原田尚彦（2001）『地方自治の法としくみ（全訂三版）』学陽書房

- 花田昌宣（2009）「水俣病の社会史と水俣病特措法の経済学的批判」『環境と公害』vol. 39 (2), 岩波書店
- 東島大（2010）『なぜ水俣病は解決できないのか』弦書房
- 久郷明秀（2005）「高レベル放射性廃棄物処分の推進に向けて Webを使った社会的リスクコミュニケーションの試み」『月刊エネルギー』Vol. 38 (12), p. 83-86.
- 平川秀幸（2010）『科学は誰のものか 社会の側から問い直す』NHK出版
- PHP総研「罠に陥る意思決定」『政策研究レポート』Vol. 6 (73), p. 24-25.
- 深井純一（1985）「熊本・新潟水俣病問題の比較研究・序説」『立命館産業社会論集』Vol. 20 (4), p. 293-310.
- 深井純一（1999）『水俣病の政治経済学：産業史的背景と行政責任』勁草書房
- 深尾光洋（2011）「原発被害者の補償と東京電力」『日本経済研究センター会報』No. 1004, p. 22-23.
- 福島原発事故独立検証委員会（2012）『福島原発事故独立検証委員会 調査・検証報告書』ディスカヴァー・トゥエンティワン
- 福島譲二（1986）『水俣病問題について』（非売）
- 福島譲二（1997）「私と水俣病」水俣病訴訟弁護団編『水俣から未来を見つめて』熊日文化情報センター
- 福島大学災害復興研究所編（2012）「平成23年度 双葉8か町村災害復興実態調査 基礎集計報告書（第2版）」〈http://fsl-fukushima-u.jimdo.com〉
- 藤井聡（2003）「合意形成問題に関する一考察──フレーミング効果と社会的最適化の限界」『オペレーションズ・リサーチ』vol. 48 (11), 日本オペレーションズ・リサーチ学会
- 藤井聡（2003）『社会的ジレンマの処方箋：都市・交通・環境問題の心理学』ナカニシヤ出版
- 藤井聡（2004a）「公共事業の決め方と公共受容」木下栄蔵 大野栄治(編)『AHPとコンジョイント分析』現代数学社, p. 15-43.
- 藤井聡（2004b）「TDMの受容問題における意思決定フレーム」『土木計画学研究・論文集』Vol. 21 (4), p. 961-966.
- 藤井聡（2005）「行政に対する信頼の醸成条件」『実験社会心理学研究』Vol. 45 (1), p. 27-

41.
- 藤垣裕子編（2005）『科学技術社会論の 技法』東京大学出版会
- 藤垣裕子（2006）「科学者の社会的責任の系譜」『年次学術大会講演要旨集』Vol. 21（2），p. 1128-1131.
- 復興庁（2016）「原子力被災自治体における住民意向調査」

  〈http://www.reconstruction.go.jp/topics/main-cat1/sub-cat1-4/ikoucyousa/〉
- 舩橋晴俊（1995）「熊本水俣病の発生過程と行政組織の意思決定（1）」『社会労働研究』Vol. 41（4），p. 109-140.
- 舩橋晴俊（1996）「熊本水俣病の発生過程と行政組織の意思決定（2）」『社会労働研究』Vol. 43（1-2），p. 97-127
- 舩橋晴俊（1997）「熊本水俣病の発生過程と行政組織の意思決定（3）」『社会労働研究』Vol. 44（2），p. 93-124.
- 舩橋晴俊（2000）「熊本水俣病の発生拡大過程における行政組織の無責任性のメカニズム」相関社会科学有志編『ヴェーバー・デュルケム・日本社会―社会学の古典と現在―』ハーベスト社，p. 129～211.
- 舩橋晴俊編（2001）『講座環境社会学　第2巻　加害・被害と解決過程』有斐閣
- 船場正富（1973）「チッソと地域・自治体」『公害研究』Vol. 2（4），p. 1-15.
- 本願の会編集部（2009）『魂うつれ』37号，本願の会

［ま］

- マーチ，J. K.・サイモン，H. A.（1977）『オーガニゼーション』（土屋守章訳）ダイヤモンド社
- マスロー，A. H.（1998）『完全なる人間―魂のめざすもの　第2版』（上田吉一訳）誠信書房
- 正木卓（1999）「＜政策ネットワーク＞の枠組み―構造・類型・マネジメント」『同志社政策科学研究』Vol. 1，p. 91-110.
- 松井孝典（2000）『1万年目の「人間圏」』ワック
- 松浦寛（1995）『環境法概説』信山社

- 松下和夫（2007）『環境ガバナンス論』京都大学学術出版会
- 松下圭一（1996）『日本の自治・分権』岩波書店
- 松下圭一・西尾勝・新藤宗幸編（2002a）『岩波講座　自治体の構想1　課題』岩波書店
- 松下圭一，西尾勝，新藤宗幸編（2002b）『岩波講座　自治体の構想2　制度』岩波書店
- 松田健児（2009）「'水俣病特別措置法'における立法目的とその実現手段の関係について（上）—同法の違憲適合性の考察のための1個の材料として—」『創価法学』Vol. 39 (3), p. 117-129.
- 松野信夫（1997）「水俣病—和解と今後の課題」『環境と公害』Vol. 26 No. 3 winter 1997, p. 36-41.
- 松野裕（1996）「公害健康被害補償制度成立過程の政治経済分析」『経済論叢』Vol. 157 (5, 6), p. 51-70.
- 松行康夫（2002）「経営組織体における逸脱増幅過程と進化的現象」『経営論集』No. 56, p. 125-135.
- 丸山眞男（1961）「現代における態度決定」『憲法を生かすもの』岩波書店
- 丸山定巳・田口宏昭・田中雄次編（2005）『水俣からの創造力—問い続ける水俣病—』熊本出版文化会館
- 水俣市立水俣病資料館（2007）『水俣病—その歴史と教訓—2007 日本語版』水俣市〈http://www.minamata195651.jp/list.html#study〉
- 水俣病患者連合の要求書・申入れ・要望等（1995年〜2007年）〈http://www.soshisha.org/kanja/rengou/youbousho/youbousho.htm〉
- 水俣病患者連合（2010.3.7）「水俣病の真の解決のための要望書」環境大臣あて
- 水俣病患者連合・水俣病被害者互助会・水俣病不知火患者会・チッソ水俣病患者連盟・水俣病東海の会・東海地方在住水俣病患者家族互助会（2010.3.7）「日本弁護士連合会に対する人権救済申立について」日本弁護士協会あて
- 水俣病互助会・水俣病被害者互助会（2010.3.3）「要望書及び質問書」環境大臣・環境副大臣あて
- 水俣病被害者7団体〔水俣病不知火患者会・水俣病患者連合・チッソ水俣病患者連盟・水俣病互助会・水俣病被害者の会全国連絡会・水俣病被害者互助会・水俣病・東海の会〕

（2010.6.23）「チッソの特定事業者指定申請に対する抗議声明」環境大臣あて

・宮川公男（1994）『政策科学の基礎』東洋経済新報社

・宮川公男（1995）『政策科学入門』東洋経済新報社

・宮下史明（2009）「GNH（国民総幸福量）の概念とブータン王国の将来―GNPからGNHへ」『早稲田商学』Vol. 420・421合併号，p. 39-74.

・宮澤信雄著（1997）『水俣病事件四十年』葦書房

・宮本憲一（1987）『日本の環境政策』大月書店

・宮本憲一（2007）『環境経済学 新版』岩波書店

・宮本憲一編（1994）『水俣レクイエム』岩波書店

・宮本憲一（2000）『日本社会の可能性：維持可能な社会へ』岩波書店

・宮本憲一（2009）「水俣病被害者救済特別措置法」『環境と公害』vol. 39（2）

・宮本憲一・小林昭・遠藤宏一編（2000）『セミナー現代地方自治―「地域共同社会」再生の政治経済学―』勁草書房

・村松岐夫（1988）『地方自治』東京大学出版会

・村松岐夫（1999）『行政学教科書（第2版）』有斐閣

・モートン，D.・コールマン，P. T.・レビン小林久子（2003）『紛争管理論』日本加除出版

・百瀬孝文（2015.10）「原子力規制委員会設置法附則第5条に基づく3年以内の見直しの状況」『立法と調査』No. 369，p. 91-106.

・森嶋昭夫（1987）『不法行為法講義』有斐閣

・森田朗編（1998）『行政学の基礎』岩波書店

・森道哉（2000）「環境政策をめぐる『紛争』の経過と構造―分析枠組みに関する考察」『政策科学』Vol. 8（1），p. 159-170.

・森道哉（2002）「環境政治における政府の政策選好」『政策科学』Vol. 10（1），p. 131-142.

・森道哉（2003）「公害健康被害補償法改正の政治過程」『政策科学』Vol. 10（2）

・盛山和夫・海野道郎編（1991）『秩序問題と社会的ジレンマ』ハーベスト社

・盛山和夫（2011）『経済成長は不可能なのか』中央公論新社

・文部科学省（2016.6.9）「原子力損害賠償紛争審査会（第43回）配付資料」〈http://www.mext.go.jp/b_menu/shingi/chousa/kaihatu/016/shiryo/1372248.htm〉

[や]

・柳沼充彦（2011）「福島第一原子力発電所等の事故に係る損害賠償」『立法と調査』No. 317, p.79-83.
・山岸俊男（1998）『信頼の構造―こころと社会の進化ゲーム―』東京大学出版会
・山岸俊男（1999）『安心社会から信頼社会へ―日本型システムの行方―』中央公論新社
・山口聡（2015.3.25）「東電支援をめぐる問題」『調査と情報』Issue Brief No.859
・山口孝（1990）「水俣病とチッソの経営政策」『法と民主主義』日本民主法律家協会
・山口二郎編（2000）『北海道大学ライブラリー5　自治と政策』北海道大学図書刊行会
・ヤブロコフ, A.V.・ネステレンコ, V.B.・ネステレンコ, AB.・プレオブラジェンスカヤ, N.E.『調査報告チェルノブイリ被害の全貌（2013）』岩波書店
・山脇直司・押村高編（2010）『アクセス公共学』日本経済評論社
・吉岡成子（2011）「災害救助と被災者の生活支援～災害救助，医療・介護，食の安全等～」『立法と調査』No.317, p.87-103.
・吉田文和（1980）『環境と技術の経済学』青木書店
・吉田文和（1998）『廃棄物と汚染の政治経済学』岩波書店
・除本理史（2007）『環境被害の責任と費用負担』有斐閣
・除本理史・上園昌武・大島堅一（2010）『環境の政治経済学（MINERVA TEXT LIBRARY）』ミネルヴァ書房
・除本理史・大島堅一・上園晶武（2010）『環境の政治経済学』ミネルヴァ書房
・除本理史（2011）「福島原発事故の被害と補償」OCU-GSB Working Paper No.201103, 大阪市立大学

[ら]

・リード, S.R.（1990）『日本の政府間関係―都道府県の政策決定過程―』（森田朗・荒川達郎・西尾隆・小池治訳）木鐸社
・龍慶昭, 佐々木亮（2000）『「政策評価」の理論と技法』多賀出版

[わ]
- 我妻栄・鈴木竹雄・加藤一郎・井上亮・福田勝治・堀井清章・長崎正造・杉村敬一郎 (1961)「原子力損害補償 原子力災害補償をめぐって (座談会)」『ジュリスト』No. 236, p. 11-28.
- 渡瀬浩 (1981)『権力統制と合意形成』同文館出版
- 綿引宣道 (1999)「エスカレーション・モデルに見られる組織学習の失敗」『人文社会論叢 (社会科学編)』No. 2, p. 53-66.
- Bachrach, P and Baratz, M. S. (1963), "Decisions and Nondecisionss : An Analytical Framework", American Political Science Review Vol. 57. p. 641-651.
- Bachrach, P. and Baratz, M. S. (1970), "Power and Poverty", Oxford University Press.
- Cobb, R. and Elder, C. (1983), "Participation in American Politics : Dynamics of Agenda-Building" 2nd ed., Baltimore : Johns Hopkins Univ. Press.
- Cohen, M., March, J., and Olsen, J. (1972), "A Garbage Can Model of Organizational Choice", Administrative Science Quarterly Vol. 17 (1). p. 1-25.
- Crenson, M. A. (1971), "The Un-Politics of Air Pollution : A Study of Non-Decision-making in the cities", Baltimore, John Hopkins' University Press.
- Debnam G. (1975), "Nondecision and Power ; The Two Faces of Bachrach and Baratz", The American Science Review, Vol. 69 (3). p. 889-899.
- George, T. S. (2001), "MINAMATA-Pollution and the Struggle for Democracy in Postwar Japan", The Harvard Asia Center.
- Hardin, G. (1968), "The Tragedy of Commons", Science, Vol. 162, p. 1243-1248. 〈http://dieoff.org/page95.htm〉
- Hall, A. P. (1986), "Governing the Economy : The Politics of State Intervention in Britain and France", Oxford University Press.
- Higgins, E. T. (1998), "Promotion and prevention : Regulatory focus as a motivational principle", Advances in Experimental Social Psychology, Vol. 30, p. 1-46.
- Higgins, E. T. (2005), "Value from Regulatory Fit", Current Directions in Psychological Science, Vol. 14, p. 209-213.

- Levinthal, D. A., & March, J. G. (1993), "The myopia of learning", Strategic Management Journal, Vol. 14, p. 95-112.
- Lindblom, C. E. and Edward J. W. (1993), "The policy-Making Process (3rd ed.)", Prentice Hall.
- Levitt, B., and March, J. G. (1988), "Organizational learning", Annual Review of Sociology, 14,
- March, J. G. and Olsen, J. P. (1989), "Rediscovering Institutions : The Organizational Basis of Politics", New York, Free Press.
- Parsons, D. W. (1995), "Public Policy : An introduction to the theory and practice of policy analysis", Edward Elgar.
- Pfeffer, J. and Salancik, G. R. (1978), "The External Control of Organizations : A Resource Dependence Perspective", Harper and Row.
- OECD (1975), "The Polluter Pays Principle : Definition, Analysis, Implementation", OECD, Paris.
- OECD (1994), "Managing the Environment : the Role of Economic Instruments", OECD, Paris.
- Putnam, L. L. and Holmer, M. (1992), "Framing, reframing, and issue development", In L. Putnam and M. E. Roloff (Eds.), Communication and negotiation. Newbury Park, CA : Sage.
- Putnam, R. D. (1993) "Making Democracy Work", Princeton University Press.
- Rasinski, K. & Tyler, T. R. (1987) "Fairness and vote choice in the 1986 Presidential election" American Politics Quarterly, Vol. 16, pp. 5-24.
- Schmit, W. (1974), "Conflict : A powerful process for (good or bad) change", Management Review, Vol. 63 (12), p. 4-10.
- Schon. D. A. and Rein, M. (1994), "Frame Reflection : Toward the Resolution of Intractable Policy Controversies", New York : Basic Books.
- Staw, B. M. and F. V. Fox (1977), "Escalation : The Determinants of Commitment to a Chosen Course of Action." Human Relations Vol. 30 (5), p. 431-450.

- Stone, D. A. (1989), "Causal Stories and the Formation of Policy Agenda", Political Science Quarterly Vol. 104 (2), p. 281-300.
- Tsuge. T. Kishimoto, A. and Takeuchi, K. (2005), "A Choice Experiment Approach to the Valuation of Mortality", Journal of Risk and Uncertainty, vol. 31 (1), p. 73-95.
- Tversky, A. and Kahneman, D. (1981) "The framing of decisions and the psychology of choice", Science, Vol. 211 (4481), p. 453-458.
- White, A. (2007), "A Global Projection of Subjective Well-being : A Challenge To Positive Psychology?", Psychtalk 56, p. 17-20.

あ と が き

　私たちは失敗から学びながら日々を過ごしているつもりでいる。しかし、実際には肝心なことをすっかり忘れて再び同じような過ちを繰り返すことも多い。それで取り返しがつけばよいが、そうでない場合もある。福島第一原発事故は、人間は実に多くのことを忘れ去るものであり、刹那的な生き物であることを、改めて深く考えさせられる社会的事件であった。
　本書の特徴を問われれば、おそらく人間の不完全性や不合理性を前提としている点であり、すべての人たちを同じ市民として捉えている点であろう。
　私は、東京電力の社員や政府官僚が無責任に仕事に取り組んでいるとは必ずしも思わない。私たちと同じく不完全な人間が手探りで職務にあたっている以上、適当とは言えない行動を選択してしまう場合も当然あり得る。ではどうすればよいだろうか。もちろん、厳しく批判し諫めることも必要だろうし、場合によっては闘争的手段が必要な場合もあるだろう。ただ、相手がなぜそのようなことをするのかが理解できなければ、有効な対策を講じることはできないし、私たちの実情を正確に伝えなければ、相手もそれに見合う行動を選択できないことも確かである。
　社会の相互依存性や長期的な社会的利益を視野に入れれば、立場の利益に基づくゼロサム的なやり方ではなく、共通の利益を追求するプラスサム型の解決手法を指向することが望ましいと私は考えている。しかし、そのためには快楽原則に反する行動を取らなければならない。つまり、回避行動ではなく十分なコミュニケーションを図るための接近行動を選択し、お互いの事情をよく知る努力をしなければならない。その作業を経ない限り、共通の視野、共通の意識、共通の利益を見出すことはできない。
　立場への固執と本能的な敵対行動が不信と対立の深化を招き、その結果、すべての関係者が膨大な時間的、人的、経済的資源を消費し、社会的、経済的にも深刻な損失がもたらされることは、水俣病を見れば明らかである。

それを避けるためには、まず東電社員や政府官僚がしげく現地に足を運び、現状を肌で実感し、失われた関係修復に努めることが不可欠となる。迷ったら難しい方を選ぶのがクリティカル・マネジメントの原則の1つだが、東電社員や政府官僚にとって自己防衛に徹し、あるいは権力志向に流されることはあまりに簡単過ぎることである。それでは自らも組織も成長しない。難しい道、つまり被害者や地元自治体と相互理解、相互協働関係を築くという手応えある道を選択することが、結果的には最も早い解決の道筋を拓くことになる。私たちはもっと賢明に生きることができるはずである。

著者紹介

永 松 俊 雄（ながまつ　としお）

　1955年熊本県生まれ。慶應義塾大学経済学部卒業。熊本大学大学院社会文化科学研究科修了。博士（公共政策学）。専門は、公共政策学、政策科学、政策過程論。
　在シアトル日本国総領事館領事、熊本県総合政策局政策調整監、室蘭工業大学大学院教授などを経て、現在、崇城大学教授。
　『チッソ支援の政策学―政府金融支援措置の軌跡―』（成文堂、2007年、地域政策研究賞優秀賞、日本環境共生学会［環境共生学術賞］著述賞、日本地域学会著作賞）、『環境被害のガバナンス―水俣から福島へ―』（成文堂、2012年、日本公共政策学会著作賞）、『政策力の基礎―意思決定と行動選択』（成文堂、2016年）などの著書がある。

新版　環境被害のガバナンス

2012年9月20日　　初　版　第1刷発行
2017年4月4日　　新　版　第1刷発行

著　者　永　松　俊　雄
発行者　阿　部　成　一

〒162-0041　東京都新宿区早稲田鶴巻町514
発行所　株式会社　成文堂

電話 03(3203)9201(代)　　Fax 03(3203)9206
http://www.seibundoh.co.jp

製版・印刷・製本　三報社印刷

©2017　T. Nagamatsu　　Printed in Japan
☆乱丁・落丁本はおとりかえいたします☆
ISBN 978-4-7923-3360-7　C3031　　検印省略
定価（本体2600円＋税）